LE

MATÉRIEL DES HOUILLÈRES

EN FRANCE ET EN BELGIQUE.

ATLAS DESCRIPTIF

DES APPAREILS, MACHINES & CONSTRUCTIONS

employés pour exploiter la Houille.

PAR

AMÉDÉE BURAT

INGÉNIEUR, PROFESSEUR DE GÉOLOGIE & D'EXPLOITATION DES MINES
à l'école centrale des Arts et Manufactures

PARIS & LIÉGE
E. Noblet, Editeur,
1860.

TABLE DES PLANCHES.

Planche	Titre
I	Waggon pour le roulage souterrain; système Cabany. Cage à quatre étages pour ce waggon (Anzin)
II	Cage à deux étages et quatre waggons, clichage à taquets (fosse N° 4 du nord de Charleroy)
III	Waggon de six hectolitres avec verseur fixe (Blanzy)
IV	Waggon de douze hectolitres avec verseur mobile (Blanzy)
V	Berceau pour les plans automoteurs souterrains. Cage dite récepteur pour les écluses sèches du fond et du jour (Anzin)
VI	Ressort d'extraction du Boubier. Parachute Fontaine
VII	Cage à quatre étages avec waggons en bois. Parachute à griffes excentriques
VIII	Parachute Fontaine modifié. Episoures de câbles en fil de fer
IX	Caisse à eau (Anzin)
X	Guidage et clichage à verroux de la fosse N° 2 de Noeux (Pas-de-Calais).
XI	Molettes. Modèles d'Anzin et de Blanzy.
XII	Chevalet. Modèle d'Anzin
XIII	Chevalet de Blanzy.
XIV	Chevalet pour deux puits jumeaux (Blanzy)
XV	Bobine d'extraction. Modèle de Haine Saint-Pierre
XVI	Bobines, folle et fixe. Modèle Revollier (Saint-Etienne.
XVII	Machine d'extraction à cylindre horizontal avec engrenage. Modèle Revollier (Saint-Etienne)
XVIII	Appareil d'extraction adapté à une machine à vapeur de trente chevaux.
XIX	Machine d'extraction à cylindre horizontal avec distribution par soupapes (Revollier)
XX	Détail de la distribution par soupapes.
XXI	Plan d'une machine d'extraction, directe et à deux cylindres conjugués horizontaux. (Modèle Quillacq, fosse de Noeux)
XXII	Elévations de la machine à deux cylindres, modèle Quillacq.
XXIII	Coupes transversales de la machine.
XXIV	Frein à vapeur pour machine d'extraction (Noeux Pas-de-Calais)
XXIV	Machine d'extraction, directe à deux cylindres conjugués horizontaux (Revollier, Saint Etienne)
XXVI	Crible pour la classification de la houille. Paliers à ressorts pour supporter les molettes.
XXVII	Machine d'extraction, à deux cylindres conjugués verticaux. Modèle Colson (Haine Saint-Pierre)
XXVIII	Elévation de la machine Colson.
XXIX	Plan avec détail de l'appareil avertisseur indiquant les positions relatives des cages.
XXX	Disposition générale et constructions du puits Cinq-Sous (Blanzy)
XXXI	Elévation des constructions du puits Cinq-Sous (Blanzy)
XXXII	Plan des constructions de la fosse Villars à Denain.
XXXIII	Plan de la fosse Villars. Niveau de la recette.
XXXIV	Elévation.
XXXV	Elévation.
XXXVI	Coupe.
XXXVII	Constructions de la fosse N° 4, à Sart-les-Moulins (Nord de Charleroy)
XXXVIII	Constructions de la fosse de (Rochelle Roux, près Charleroy)
XXXIX	Bâtiment de fosse dans le Borinage.
XL	Plan général des constructions de la fosse de Noeux (Pas-de-Calais)
XLI	Plan au niveau de la recette.
XLII	Fosse de Noeux. Profil.
XLIII	id. Coupe longitudinale.
XLIV	id. Elévation. Coupe transversale.
XLV	Constructions de la fosse Lucy. 3. Profil.
XLVI	Elévation.
XLVII	Dispositions de machines d'extraction.
XLVIII	Fosse d'Herm. Installation du chevalet d'extraction.
XLIX	Cheminée octogonale.
L	Fahrkunst Hauzez établi au charbonnage du Boubier (Charleroy)
LI	Ventilateur à force centrifuge, système Letoret.
LII	Ventilateur Guibal
LIII	Ventilateur Duvergier (Blanzy)
LIV	Ventilateur Fabry (Noeux)
LV	Ventilateur Lemielle
LVI	Machine pneumatique, système Mahoux (Charleroy)
LVII	Pompe élévatoire de 0m,70 avec détails du piston, du clapet et des tirants (fonçage de l'avaleresse de Saint-Saulve à Anzin)
LVIII	Pompe foulante de 0m,45 de Daglish. Types de pistons et clapets.
LIX	Clapets pour pompe élévatoire de 0m,80 (avaleresse de Gelsenkirche)
LX	Piston pour pompe élévatoire de 0m,80
LXI	Pompe à double effet de Blanzy.
LXII	Pompe élévatoire de 1 mètre de diamètre (Bleyberg)
LXIII	Pompe foulante de 1 mètre de diamètre (Bleyberg)
LXIV	Etablissement des pompes, tiges et colonnes d'épuisement dans un puits de mine (Sain Etienne, Revollier)
LXV	Régulateur pour distribution de vapeur de la machine d'épuisement du puits Saint-Pierre, à Blanzy.
LXVI	Elévation du régulateur.
LXVII	Machine d'épuisement à traction directe de Daglish (St Helens, Lancashire)
LXVIII	Elévation de la machine d'épuisement.
LXIX	Balancier pour machine d'épuisement.
LXX	Machine d'épuisement à balancier, du Bleyberg.
LXXI	Machine d'épuisement à double effet placée dans l'intérieur (puits de La Carrière à Blanzy)
LXXII	Tracés du chemin de fer avec plans inclinés ascendants et plans inclinés descendants, bis-automoteurs des houillères de Portes à la Levade, par M. de Reydellet
LXXIII	Appareils des plans inclinés bis automoteurs.
LXXIV	Waggon à caisse fixe.
LXXV	Truck avec caisses mobiles (Denain)
LXXVI	Waggon à bascule (Blanzy)
LXXVII	[illegible]age et disposition des tas de houille (Blanzy)

Wagon pour le roulage souterrain. – cage à quatre étages.

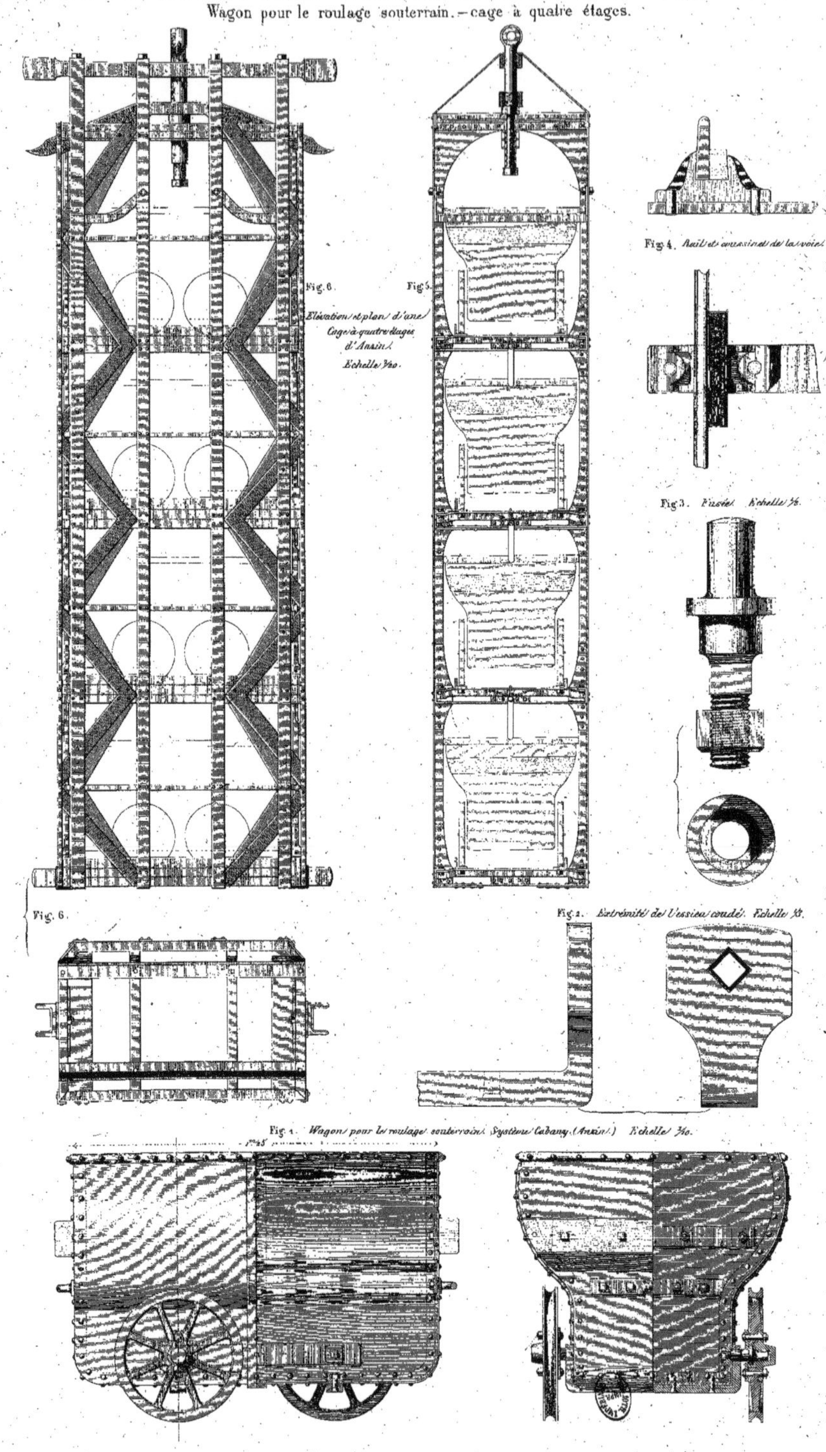

Etablt de E. Noblet Editeur.

Fig. 1 et 2. — Clichage à taquets. (Fosse N° 4, Nord de Charleroy).
Fig. 3 et 4 — Cage à 2 étages et 4 Wagons. (Nord de Charleroy).

2 Mètres

Fig. 1.

Fig. 2.

Fig. 3.

Fig. 4.

Etabl.t de E. Noblet, Editeur.

Wagon-berline pour le roulage souterrain de Blanzy avec son verseur.

Fig. 1.

Fig. 2.

Fig. 3.

Fig. 4.

Fig. 1 et 2. Élévations du Wagon placé dans le verseur.
Fig. 3. Coupe longitudinale.
Fig. 4. Coupe transversale.

1 2 3 4 5 6 7 8 9 1 Mètre

Établ.t de F. Noblet, Éditeur.

Wagon de 2 hectolitres avec verseur mobile de Blanzy.

Fig. 1.

Fig. 2.

Fig. 3.

Fig. 4.

Fig. 5.

Fig. 1, 2 et 3. Élévations, coupes et plan.
Fig. 4 et 5. Détails du Wagon.

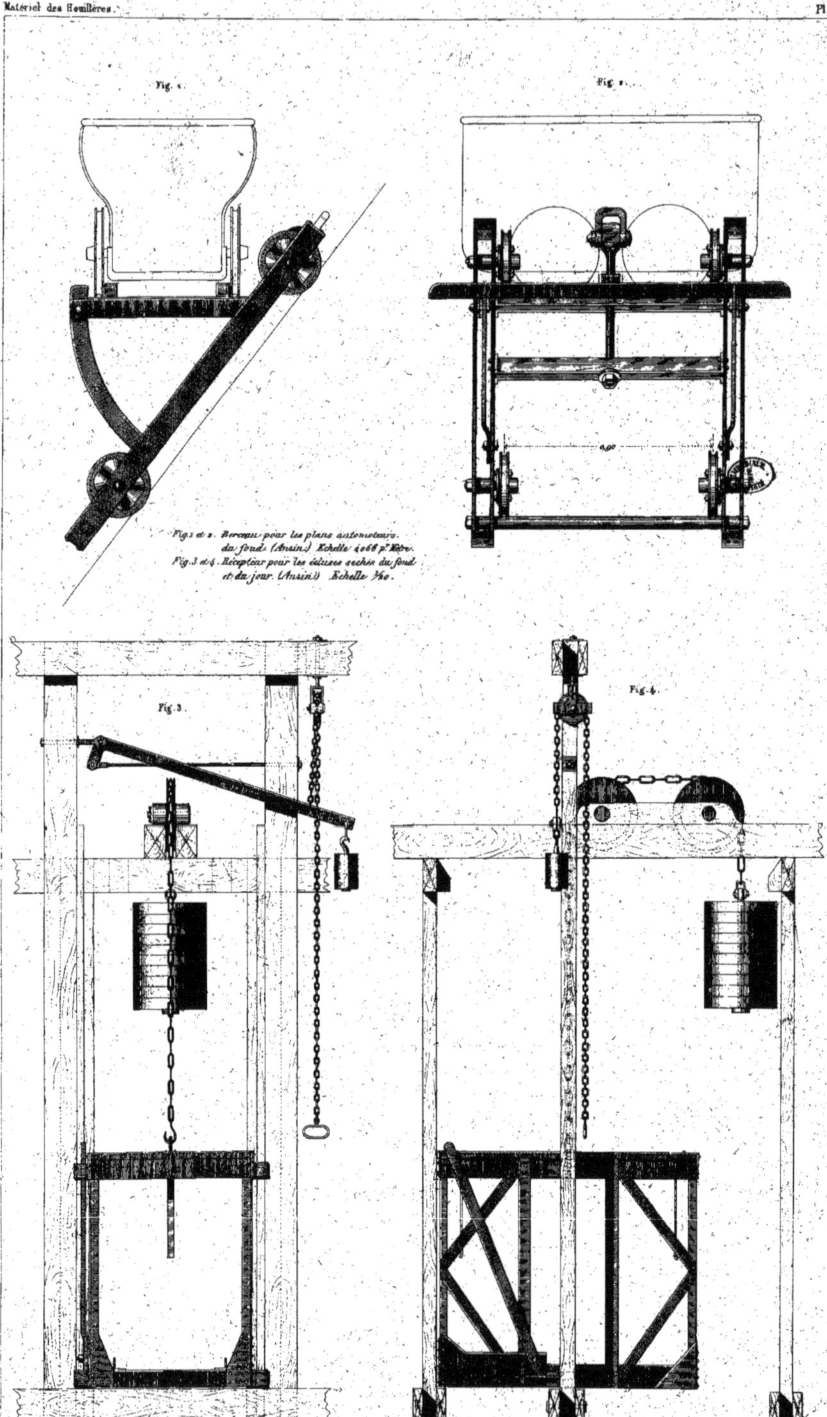

Fig. 1 et 2. Berceau pour les plans automoteurs du fond. (Ansin.) Echelle 0,066 p.r Mètre.
Fig. 3 et 4. Récepteur pour les écluses sèches du fond et du jour. (Ansin.) Echelle 1/10.

Établ.t de E. Noblet, Éditeur.

Fig. 1.

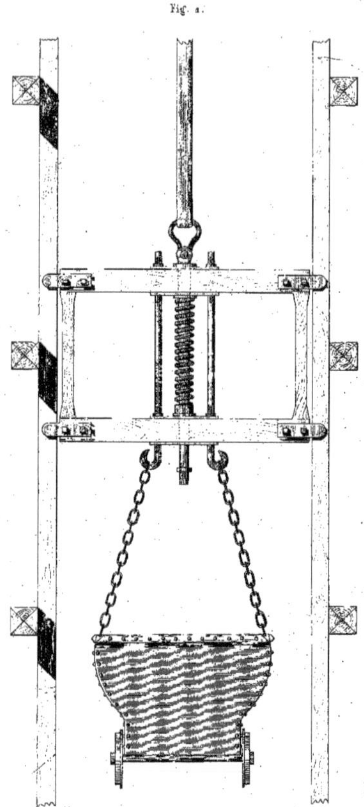

Fig. 2.

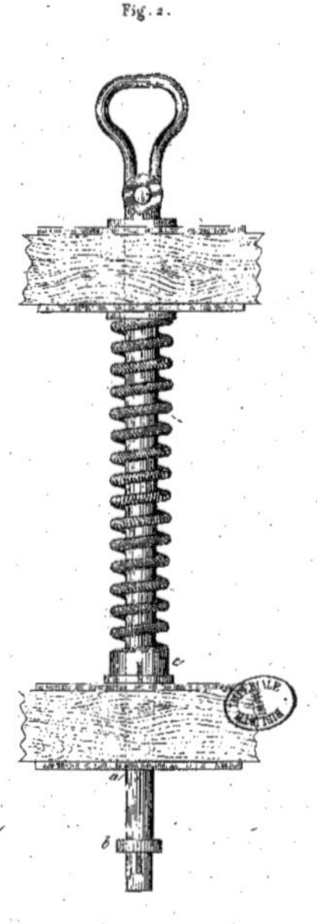

Fig. 1 et 2. — Ressort d'extraction du Boubier.
Fig. 3, 4 et 5. — Parachute Fontaine.
Echelle 1/20.

Fig. 3.

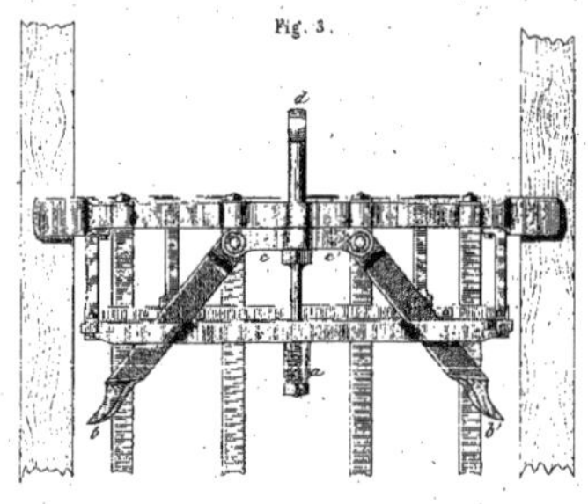

Fig. 4.

Fig. 5.

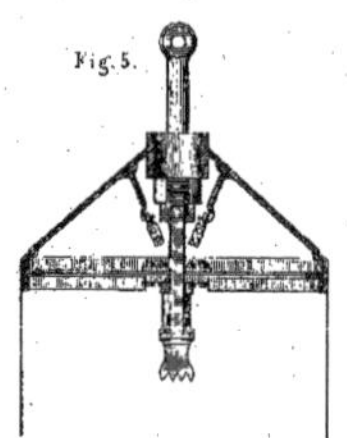

Etablt de E. Noblet, Editeur.

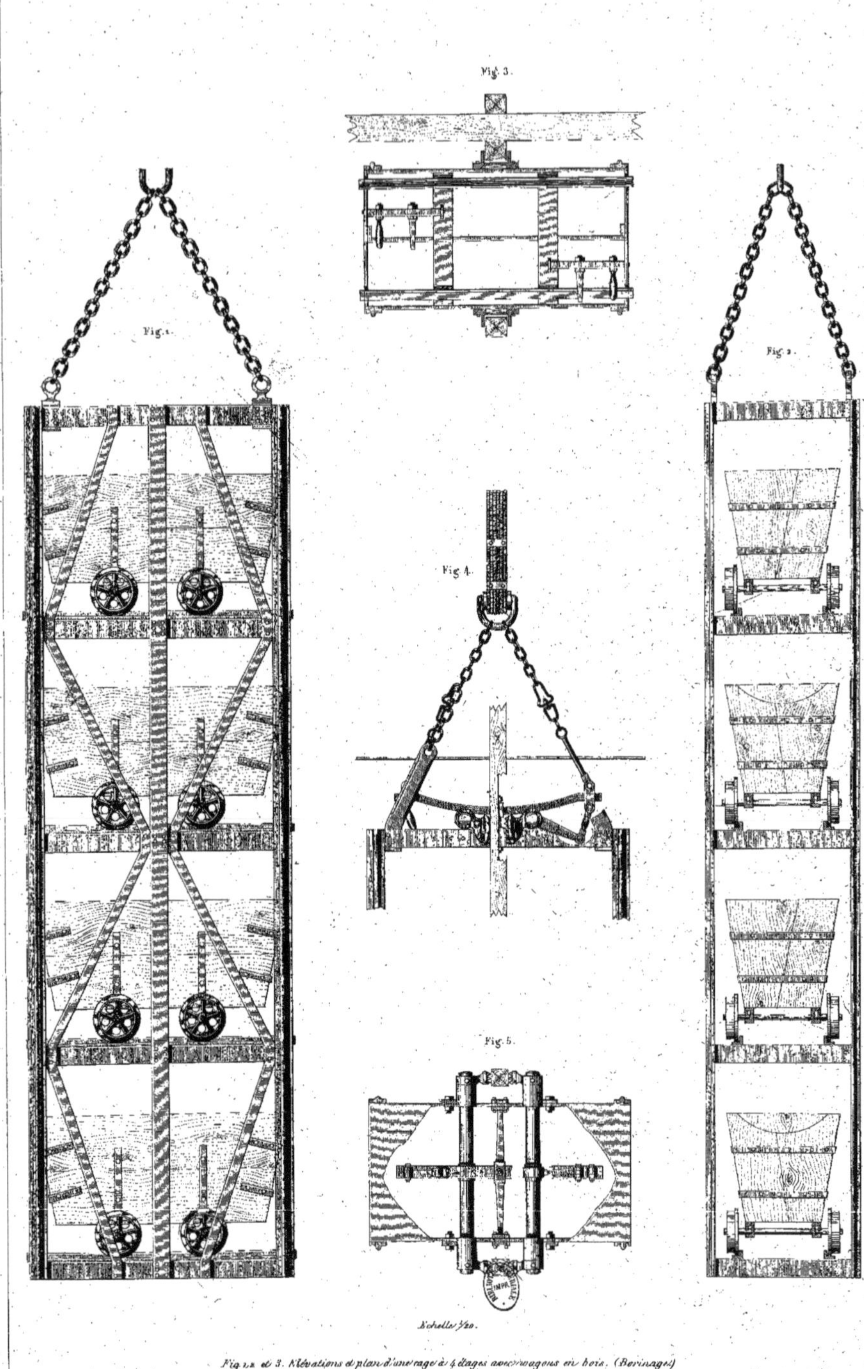

Fig. 1, 2 et 3. Élévations et plan d'une cage à 4 étages avec wagons en bois. (Borinage.)
Fig. 4 et 5. Parachute à griffes excentriques.

Établ.t de E. Noblet, Éditeur.

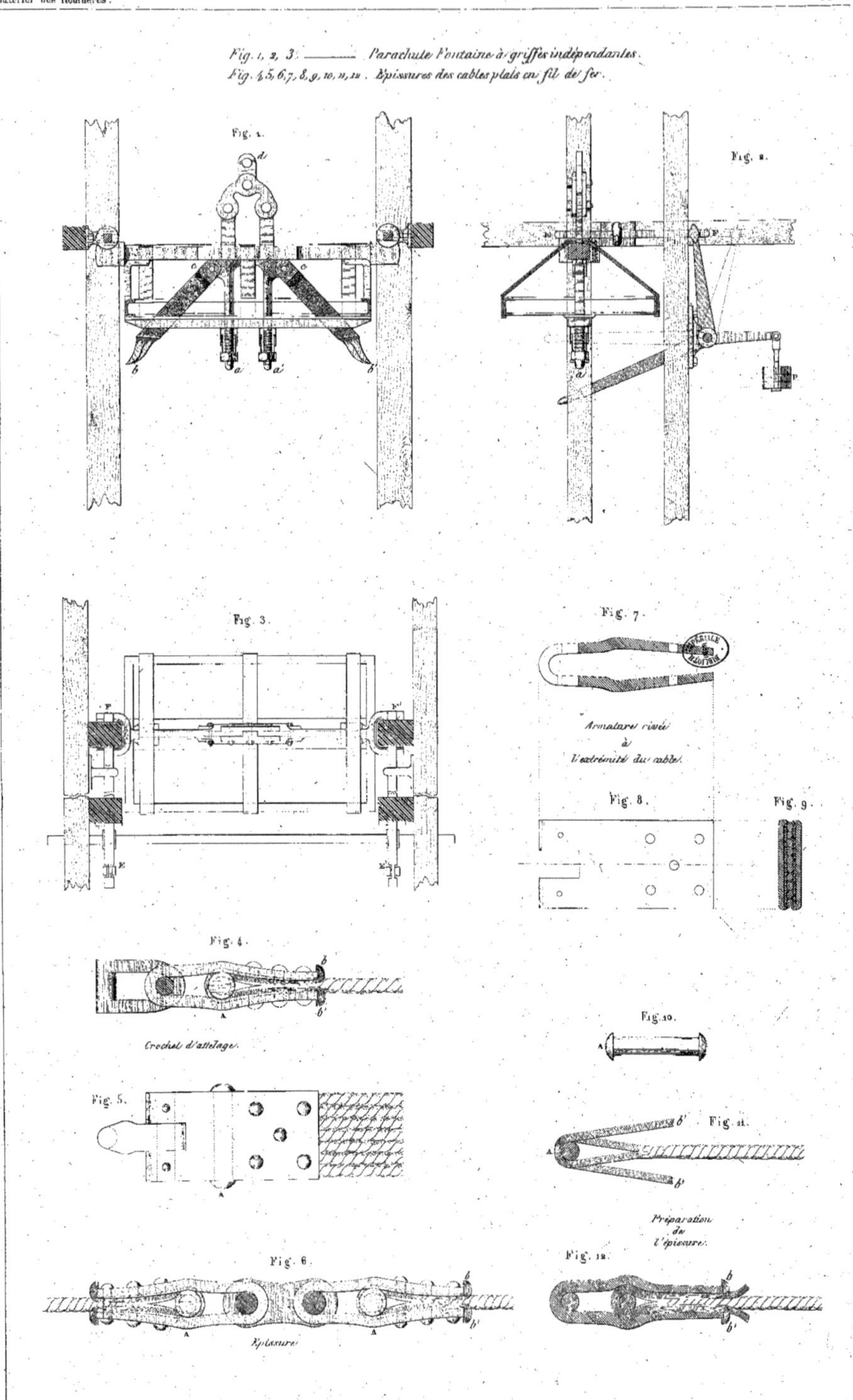

Etabl.t de L. Noblet, Éditeur.

Caisse à soupapes pour l'épuisement des eaux. (Anzin)

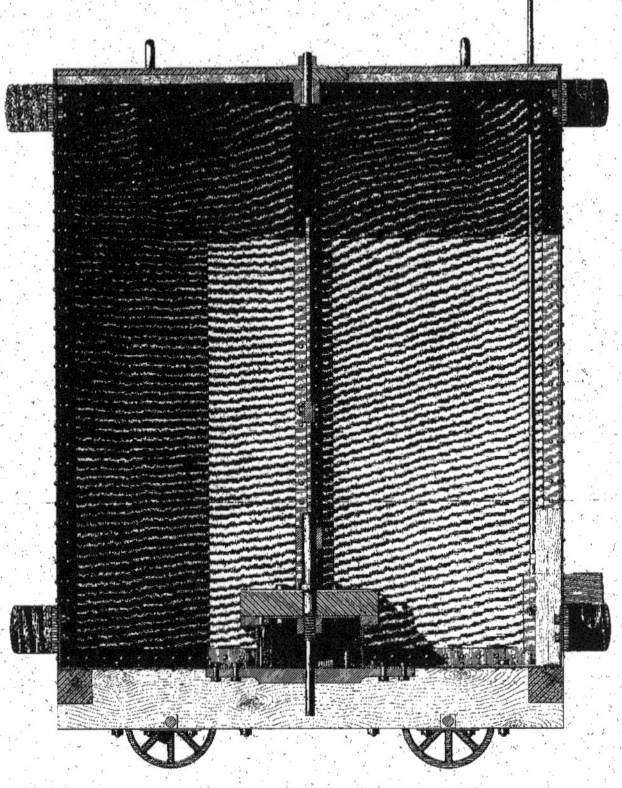

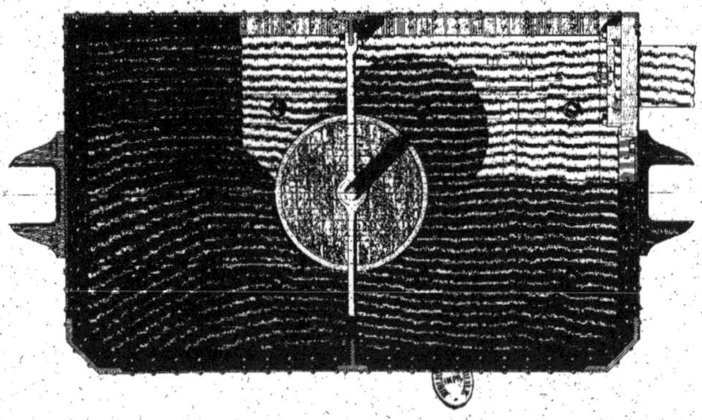

Echelle de 1/10.

Etabl.t de E. Noblet, Editeur.

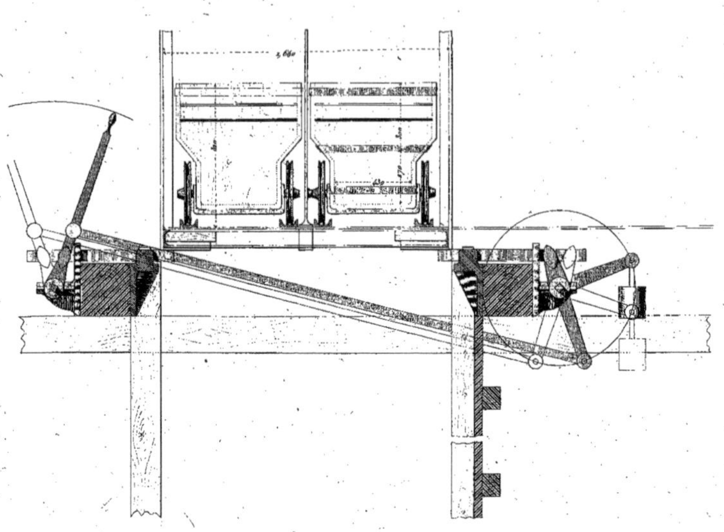

Clichage à verroux. Fosse N°. 2 de Nœux. (Pas de Calais.)

Echelle 1/20.

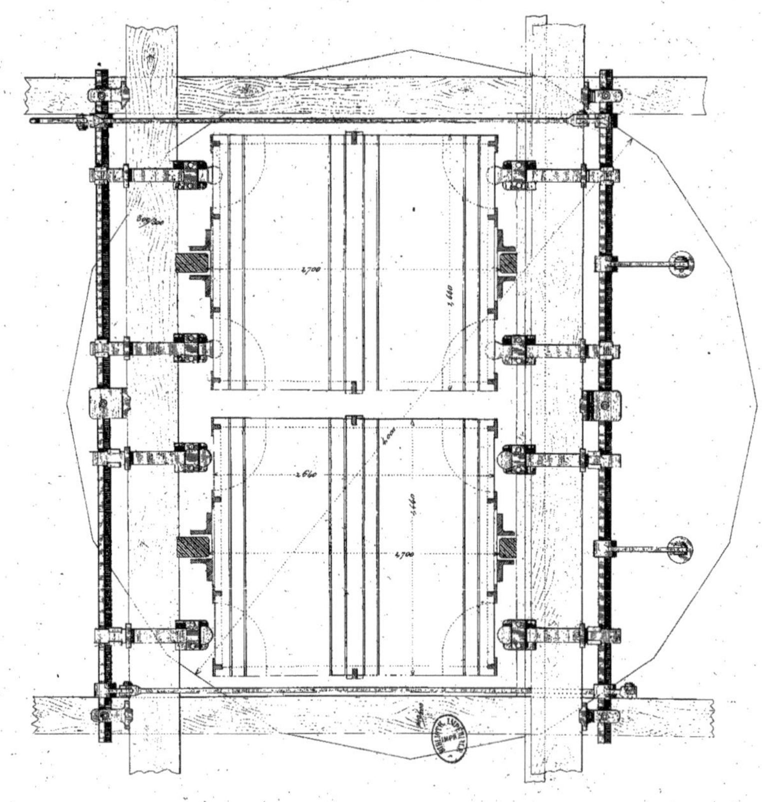

Établ^t de E. Noblet, Éditeur.

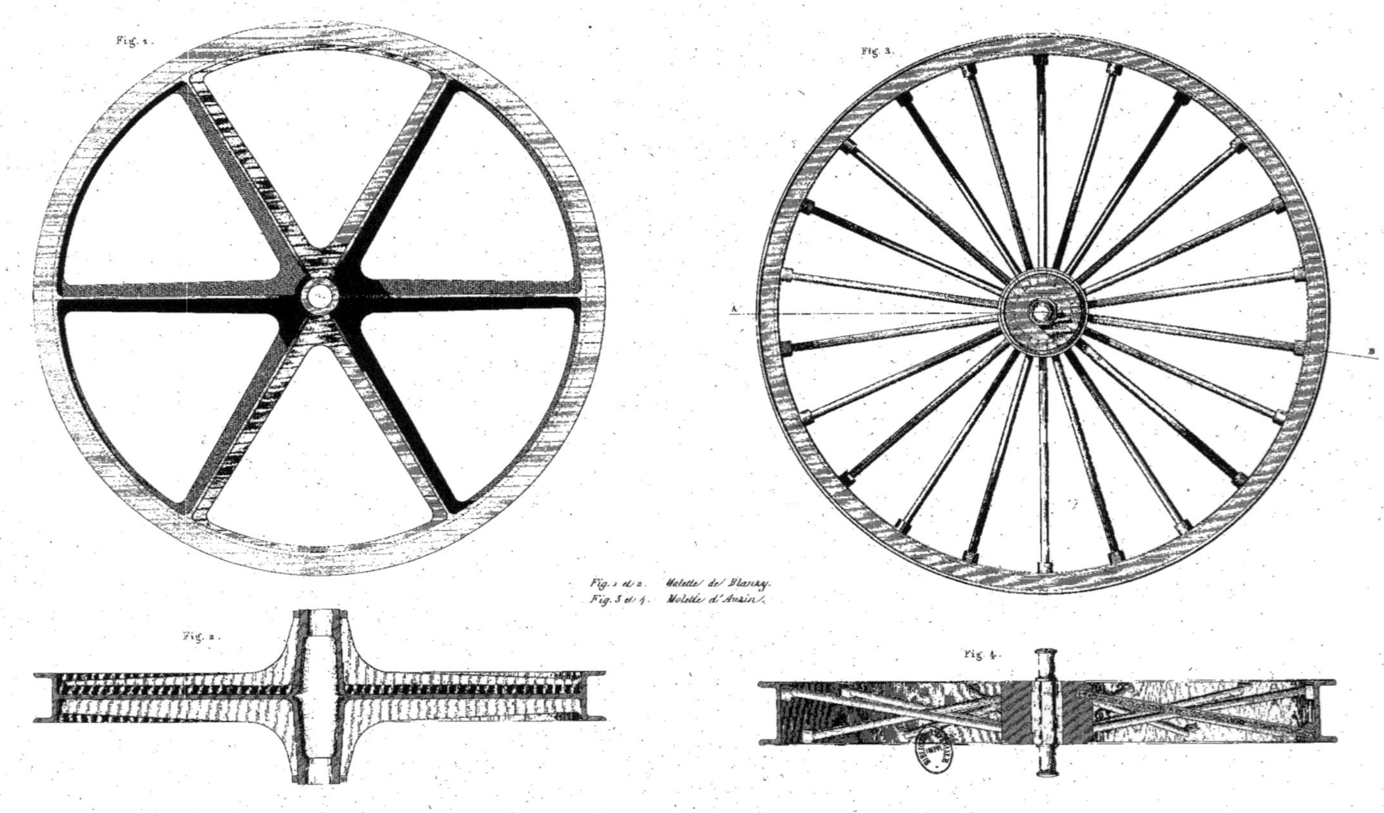

Fig. 1 et 2. Molette de Blanzy.
Fig. 3 et 4. Molette d'Anzin.

Etabl.t de F. Koblitz Editeur

Chassis à molettes. (Modèle d'Anzin pour puits de 4 mètres.)

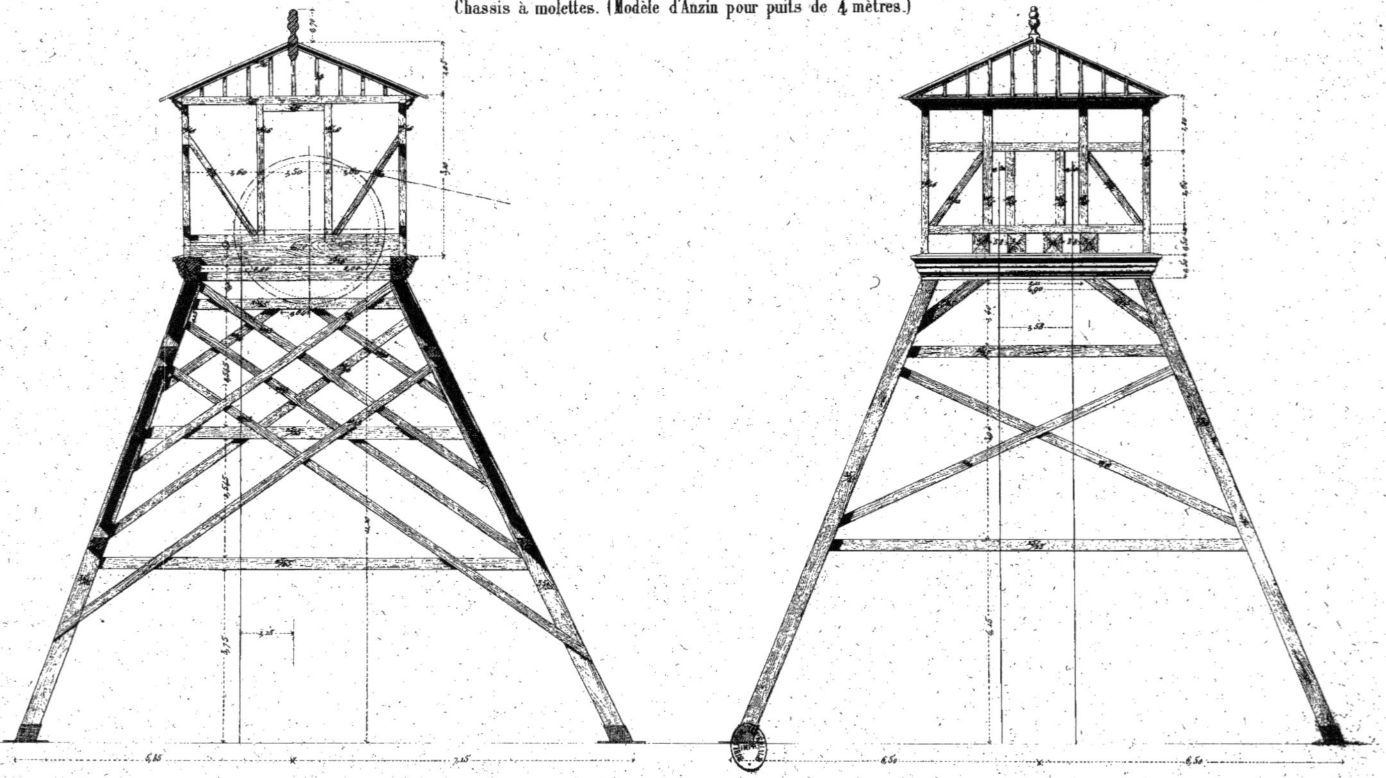

6,15 7,15 6,50 6,50

Etabl^t de E. Noblet, Editeur.

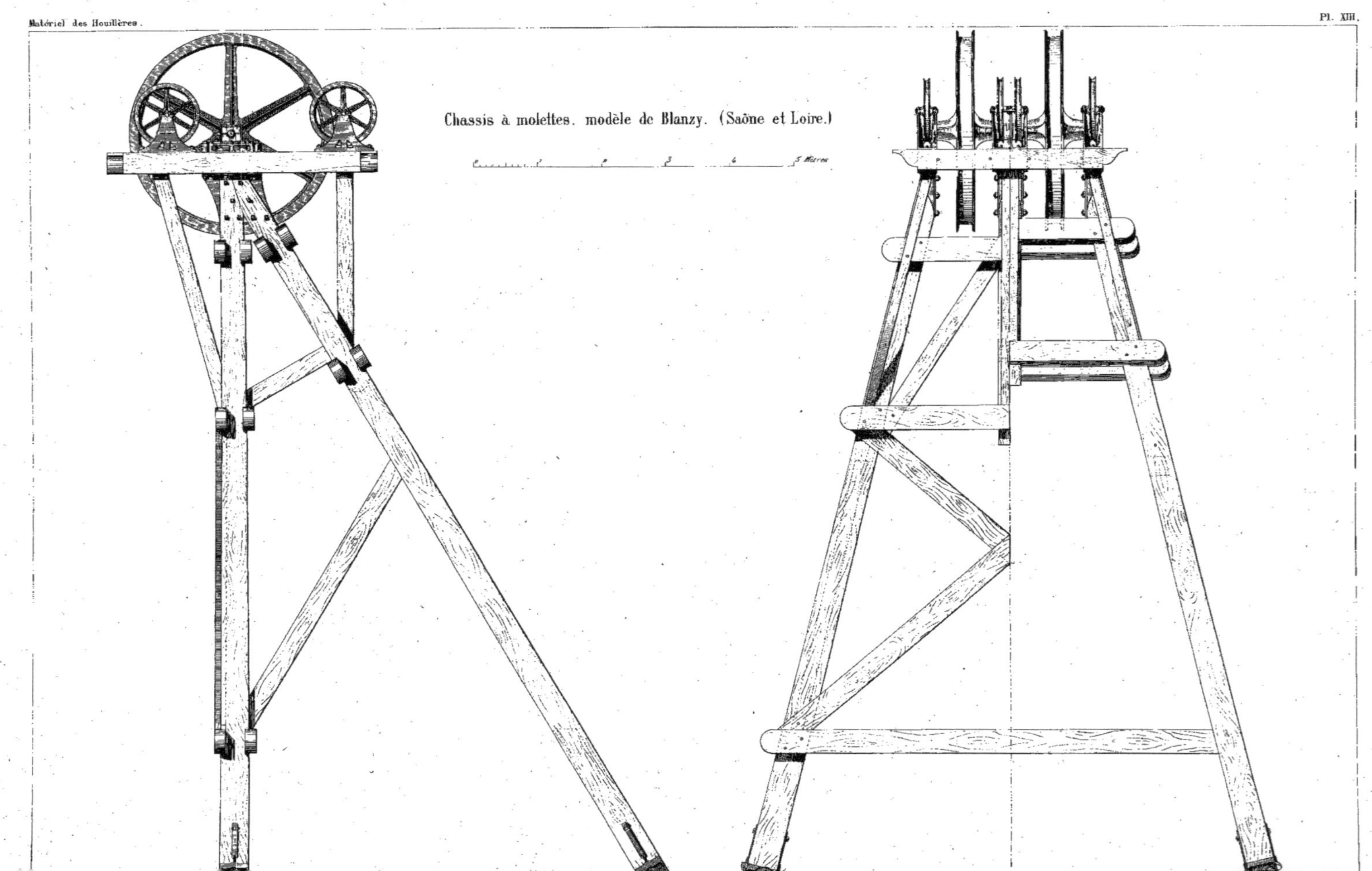

Chassis à molettes. modèle de Blanzy. (Saône et Loire.)

Chassis à molettes pour deux puits jumeaux.
(Blanzy. Saône et Loire.)

0 1 2 3 4 5 10 Mètres

Etabl.t de E. Noblet, Editeur.

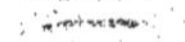

Fig. 1.

Fig. 3.

Fig. 2.

Fig. 1 et 2. Bobine d'extraction. Modèle de Haine St Pierre.
Fig. 3. Attache du cable.
Echelle 3/40.

Etabl.t de E. Noblet, Editeur

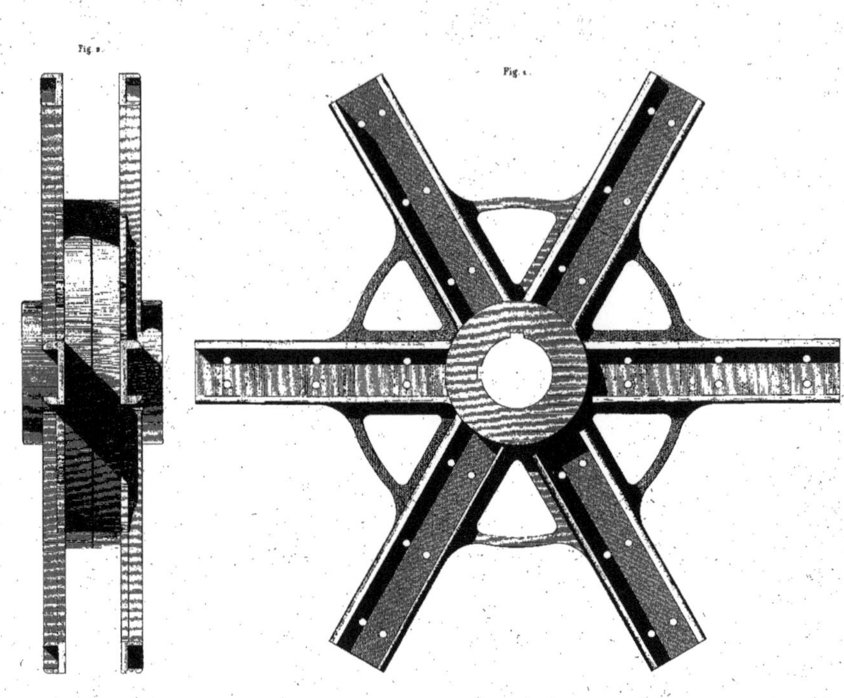

Échelle 1/20.

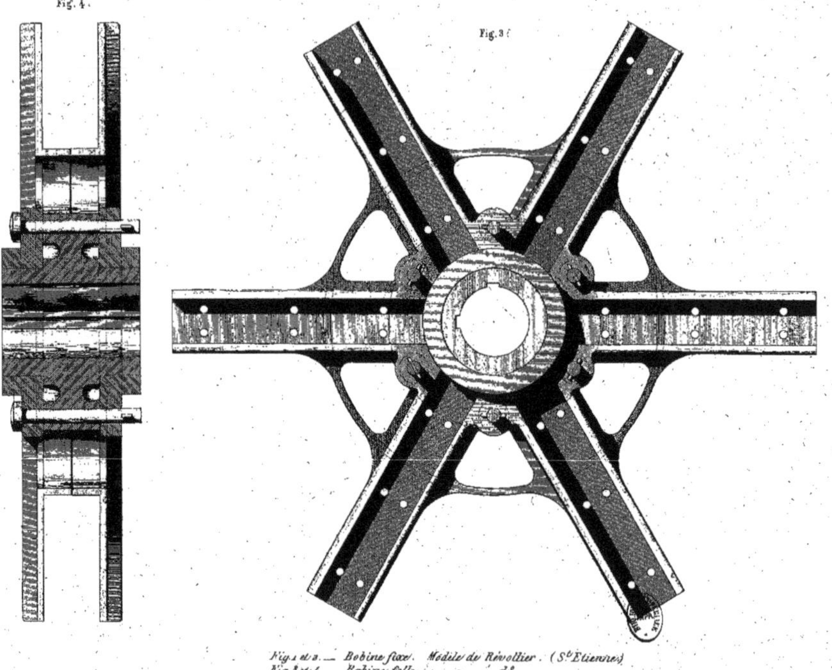

Fig. 1 et 2. — Bobine fixe. Modèle de Révollier. (St Étienne)
Fig. 3 et 4. — Bobine folle .... d° ....

Establ.t de E. Noblet, Éditeur.

Machine d'extraction à cylindre horizontal avec engrenage. (Révollier J.ne & Cie)

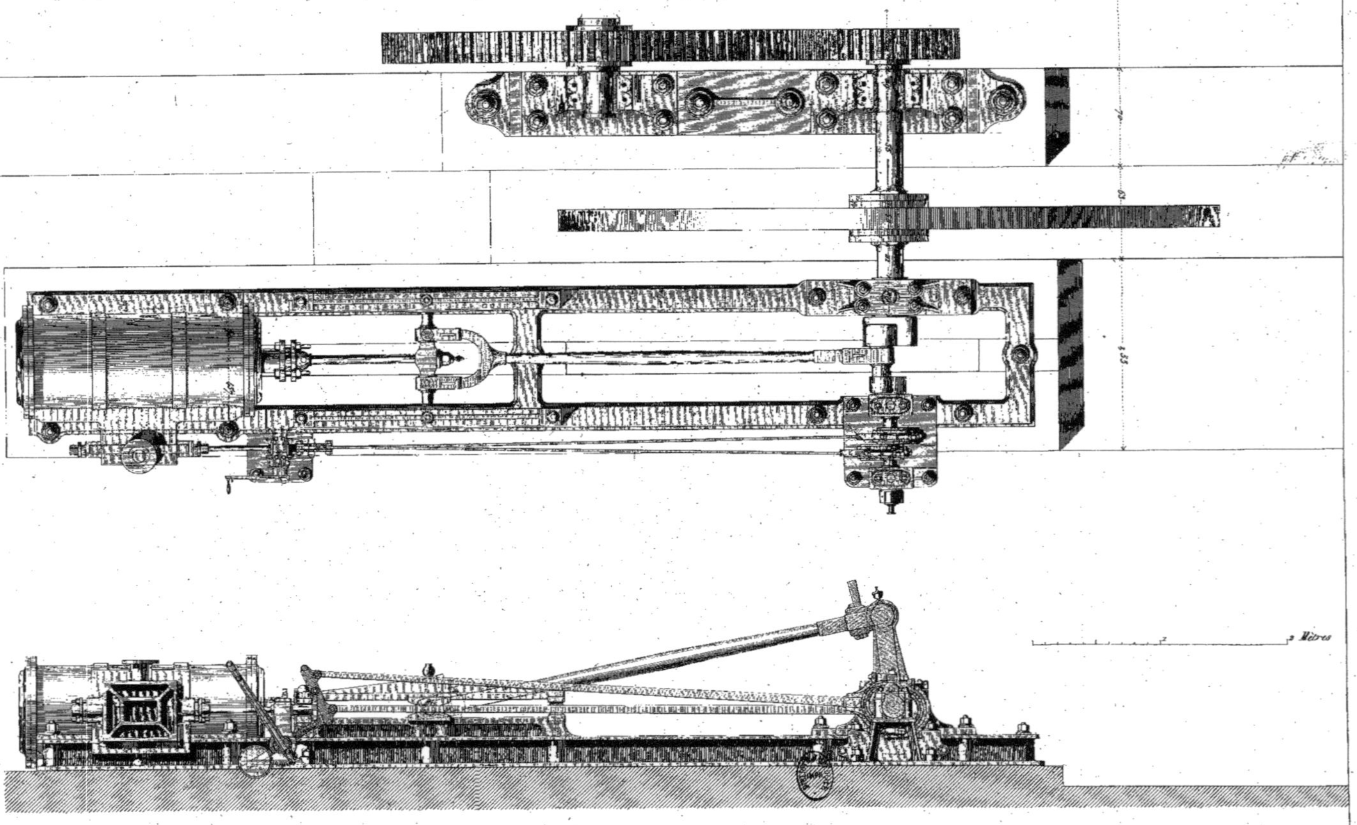

Etabl.t de E. Noblet, Editeur

Appareil d'extraction avec engrenage adapté à une machine à vapeur de 30 chevaux. (St. Etienne, Révollier & Cie.)

Echelle 1/20

Établt. de E. Noblet, Éditeur.

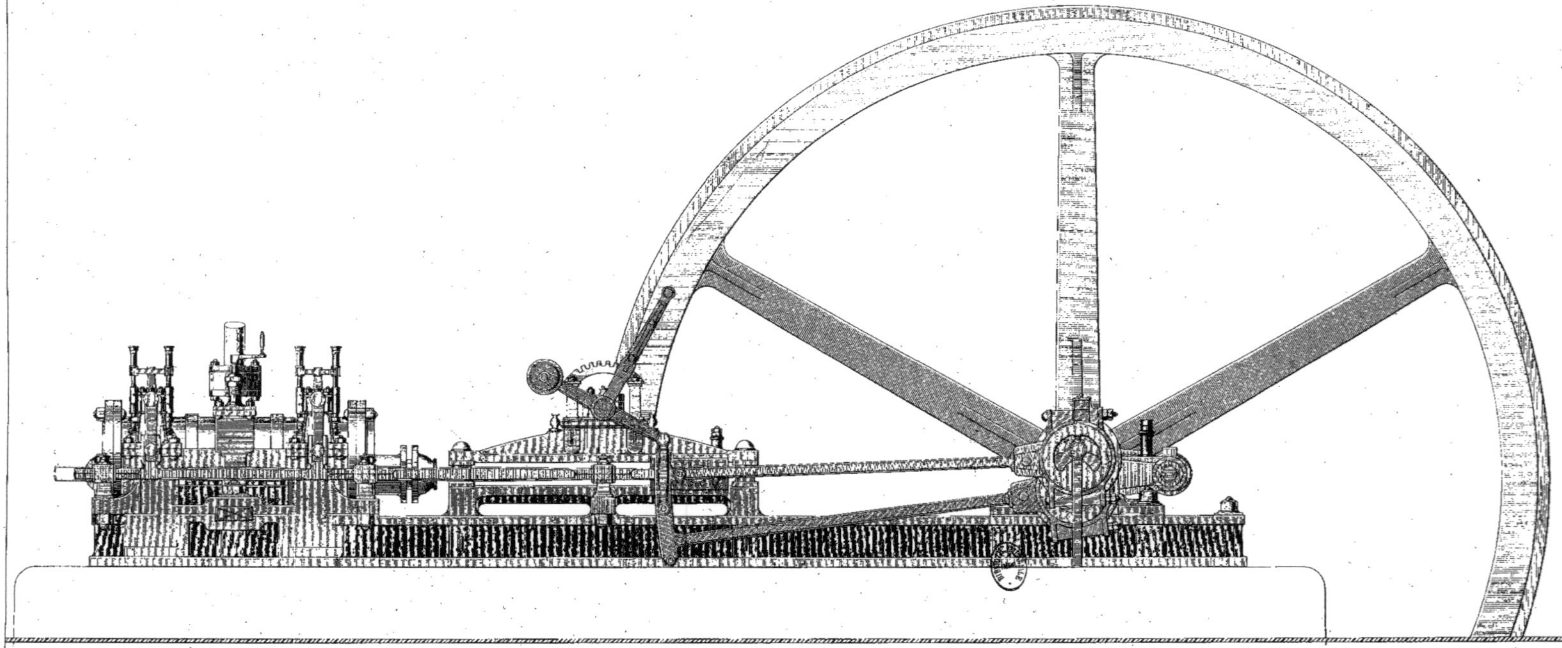

Machine d'extraction à cylindre horizontal et distribution par soupapes. (Révollier j^{ne} & Cie)

Établ^t de E. Noblet, Éditeur.

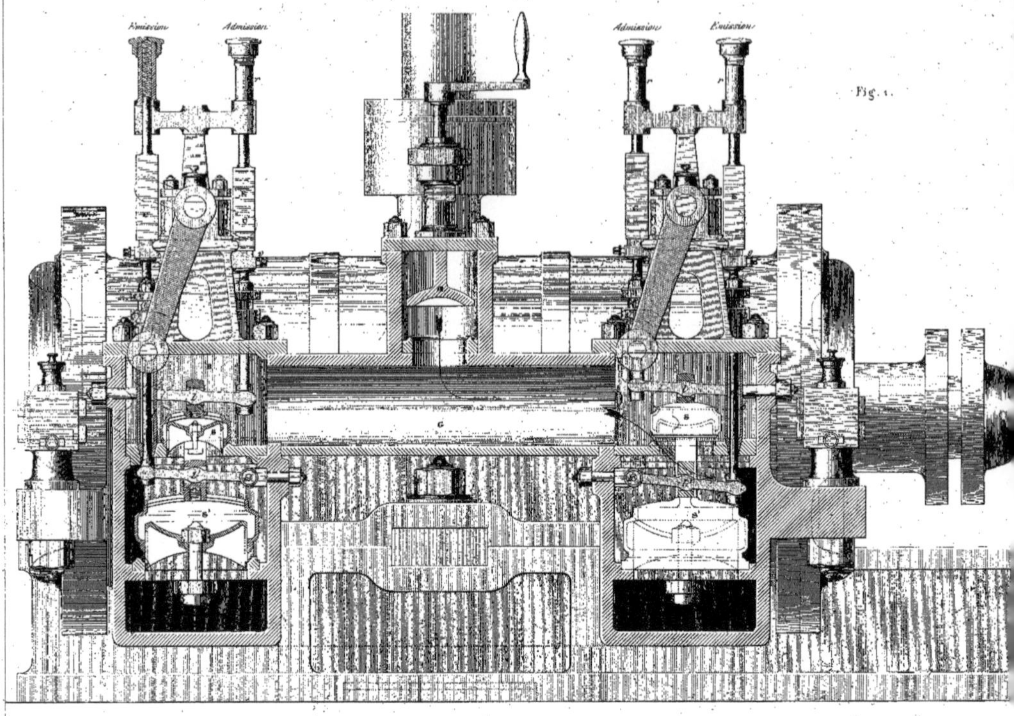

Émission Admission Admission Émission

Fig. 1.

Machine d'extraction. Distribution par soupapes. (Révollier jne & Cie)

Fig. 2.

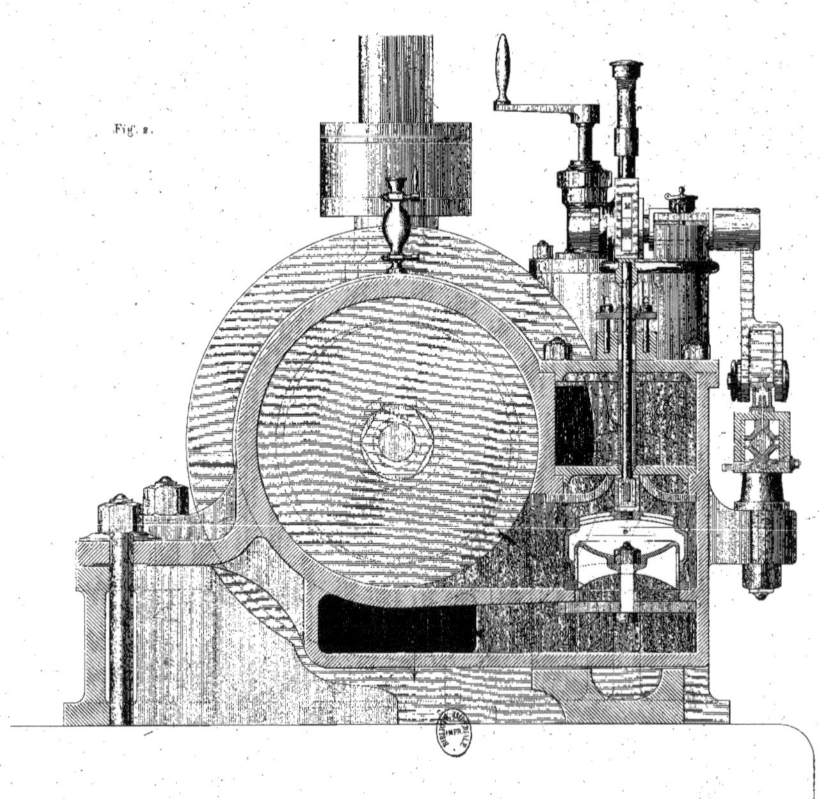

Établt de F. Noblet, Éditeur

Machine d'extraction à deux cylindres conjugués horizontaux. (Quillacq constructeur à Auzin.)

Echelle 1/25

3 Mètres

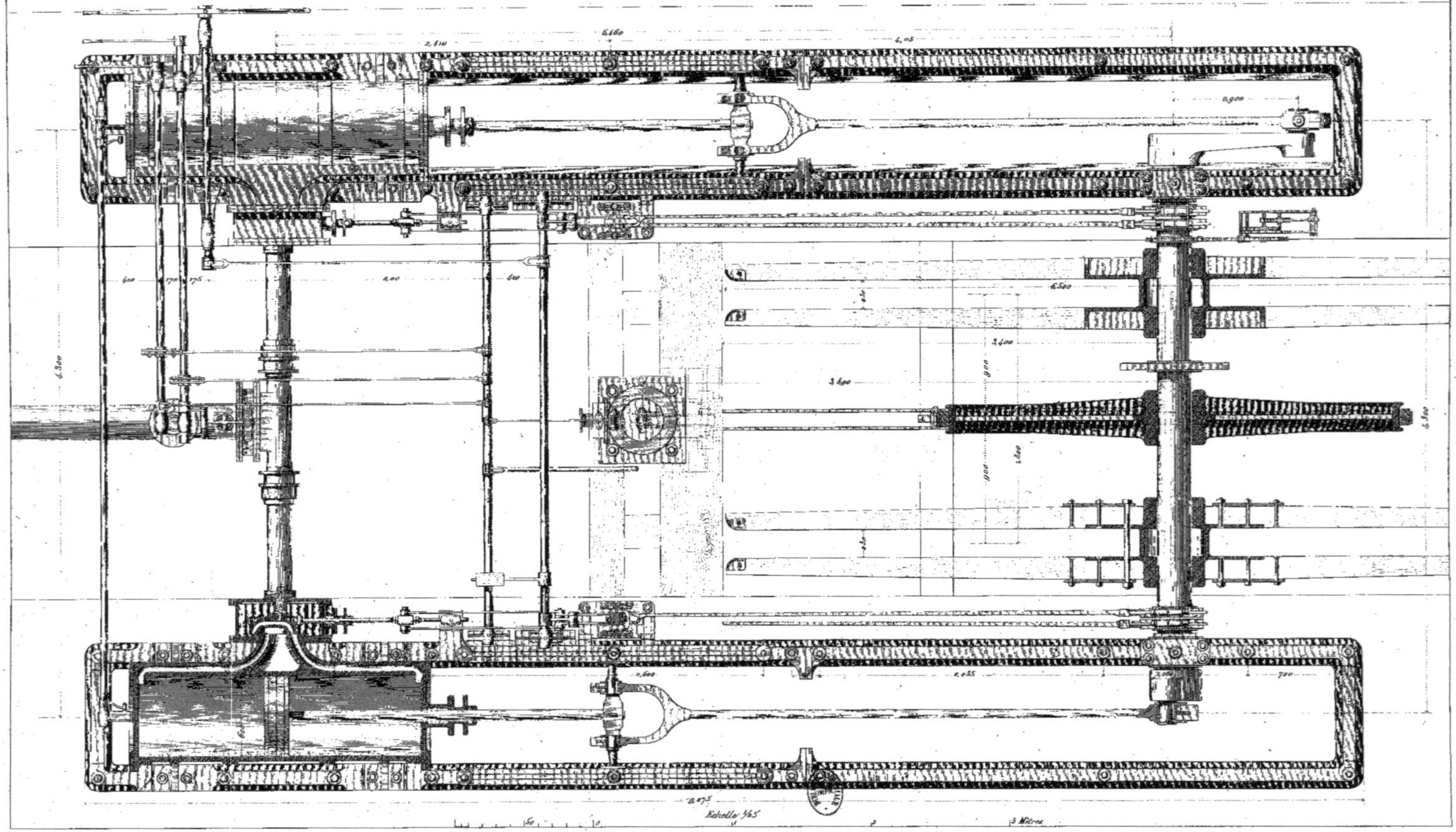

Etabl.t de E. Noblet Editeur

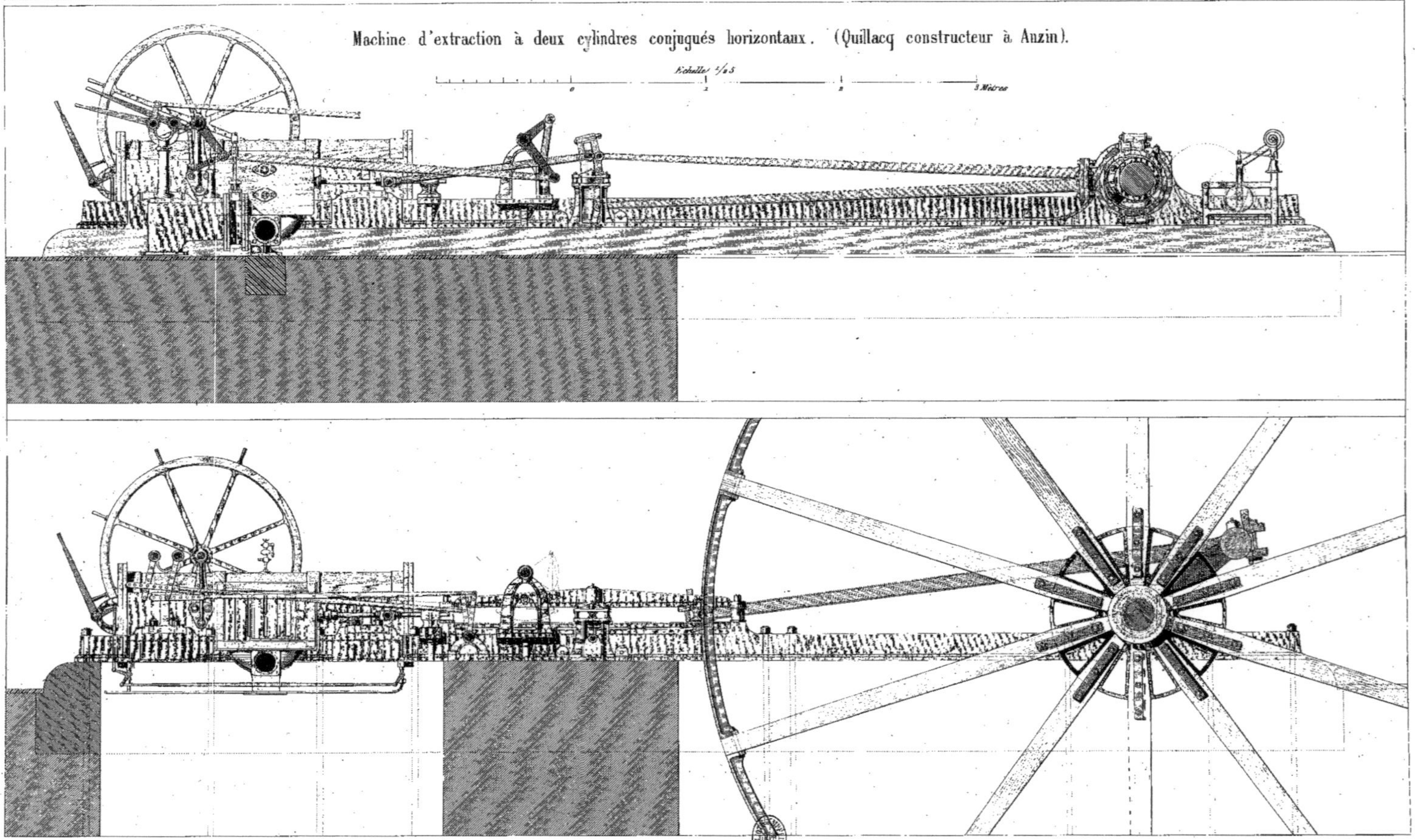

Machine d'extraction à deux cylindres conjugués horizontaux. (Quillacq constructeur à Anzin).

Echelle 1/25

0 1 2 3 Mètres

Establt de E. Noblet, Editeur

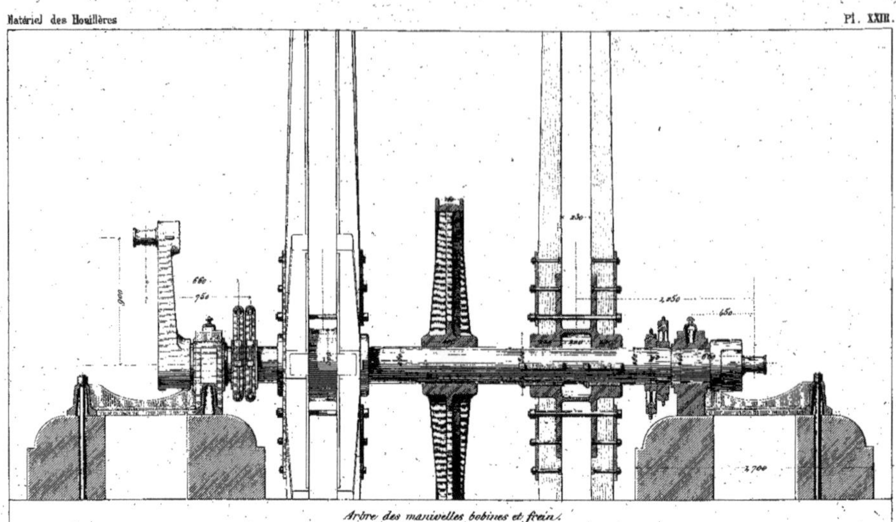

Arbre des manivelles bobines et frein.

Machine d'extraction à deux cylindres conjugués horizontaux. (Quillacq.)

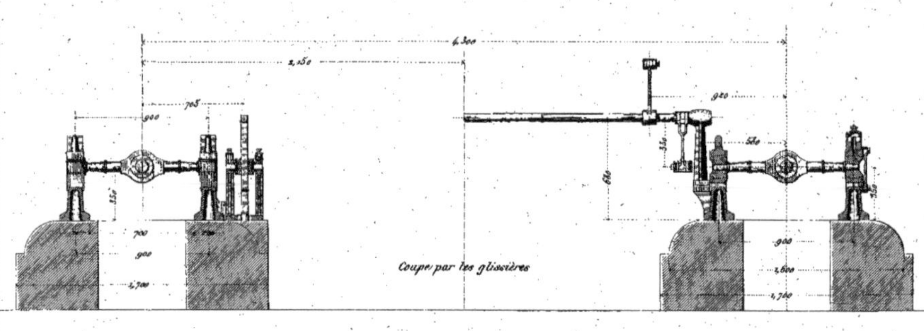

Coupe par les glissières

Echelle 1/25

Coupes transversales
Cylindres et prise de vapeur

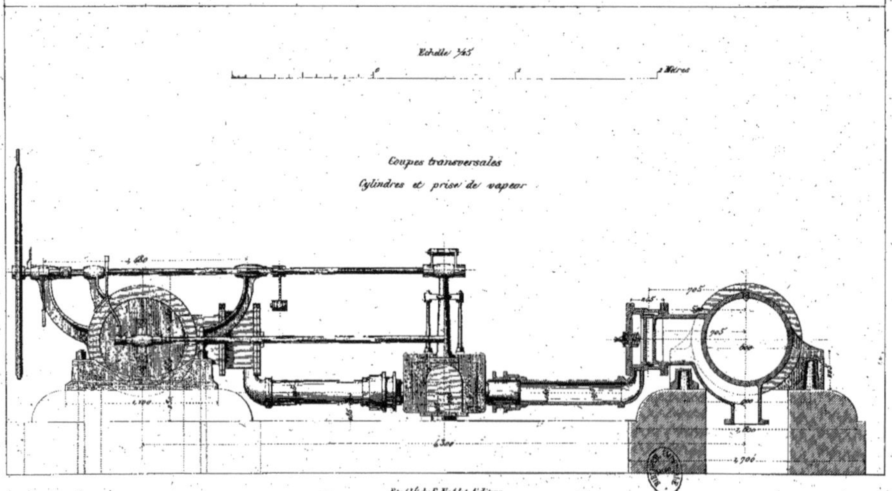

Etabl.t de E. Noblet, Editeur

Frein à vapeur. Fosse de Nœux. (Quillacq).

Echelle 1/25.

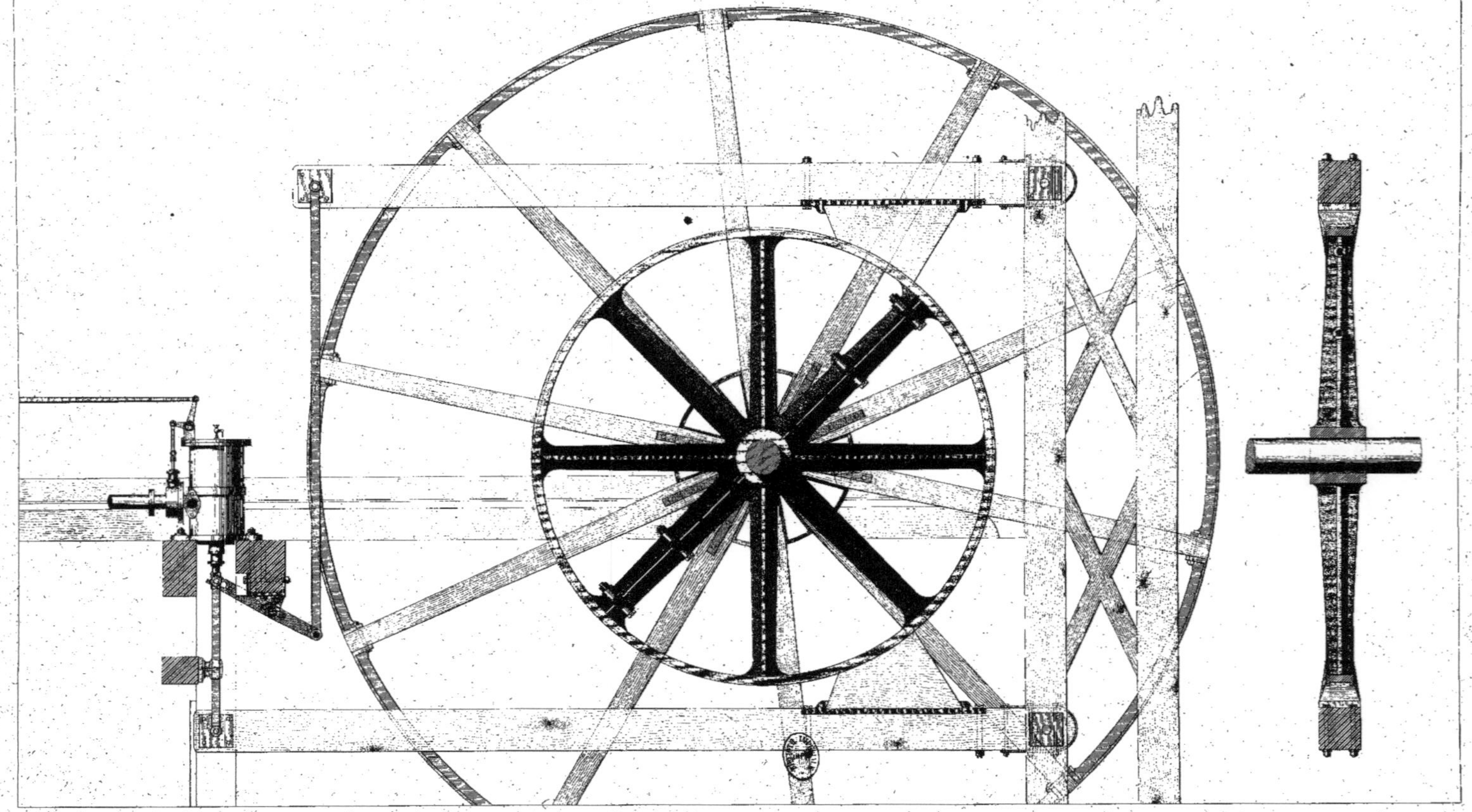

Etablᵗ de E. Noblet, Editeur.

Machine d'extraction à deux cylindres conjugués, horizontaux. (Révollier j.ne & C.ie à S.t Étienne.)

5 Mètres

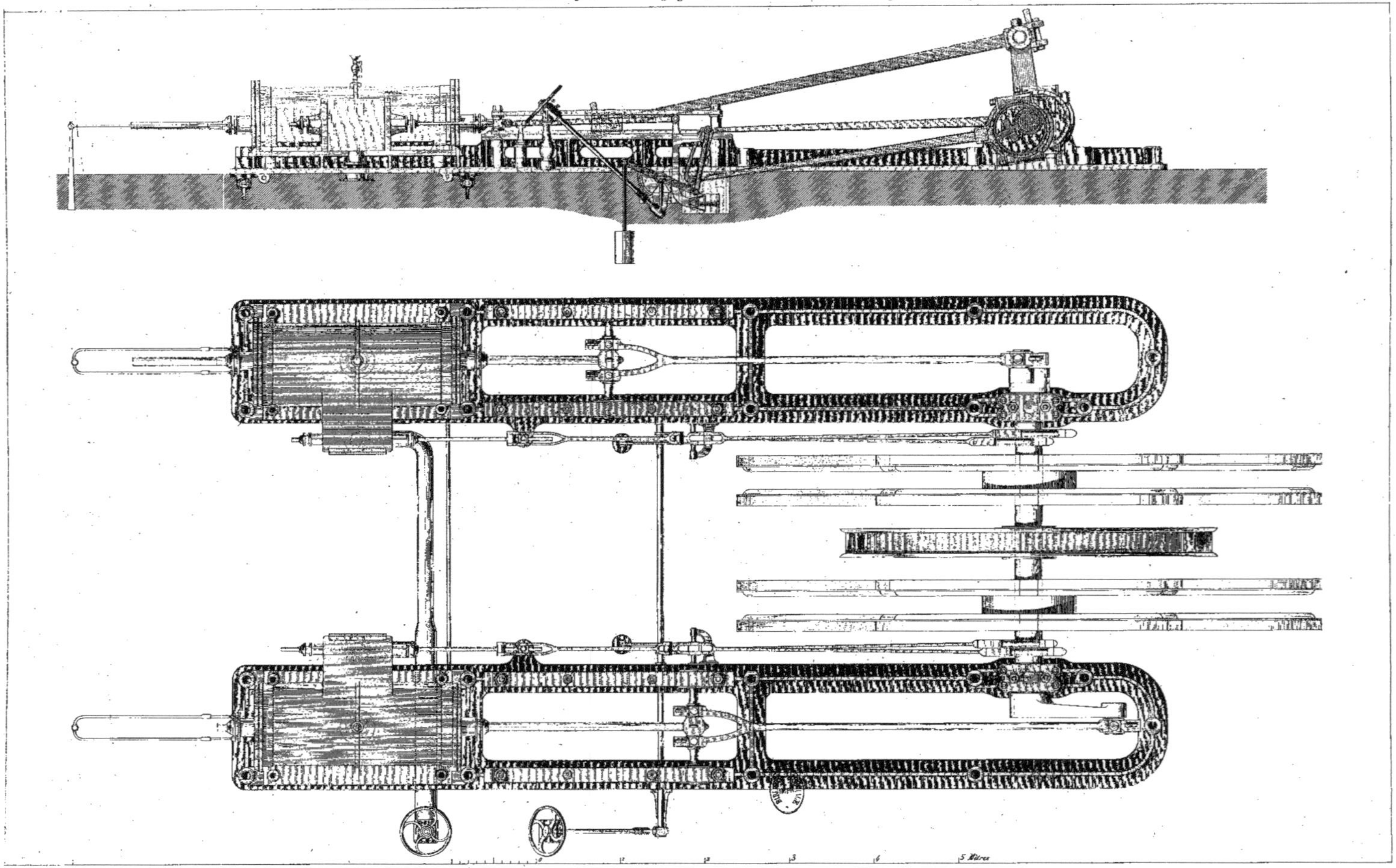

Établ.t de E. Noblet, Éditeur.

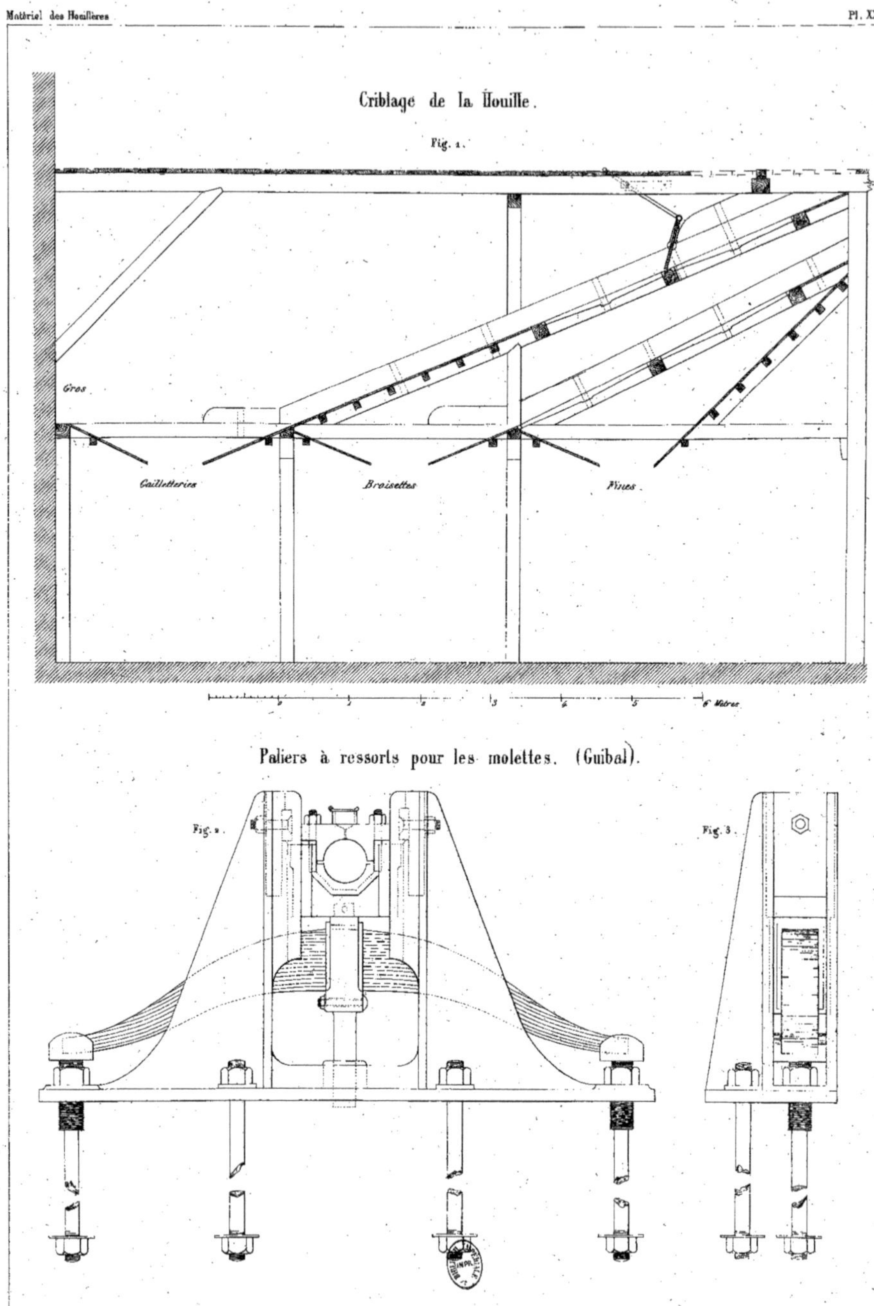

Établ.t de E. Noblet, Éditeur.

Machine d'extraction
à deux cylindres conjugués verticaux.
(Ateliers de Haine S.t Pierre.)
Niveau du sol extérieur.

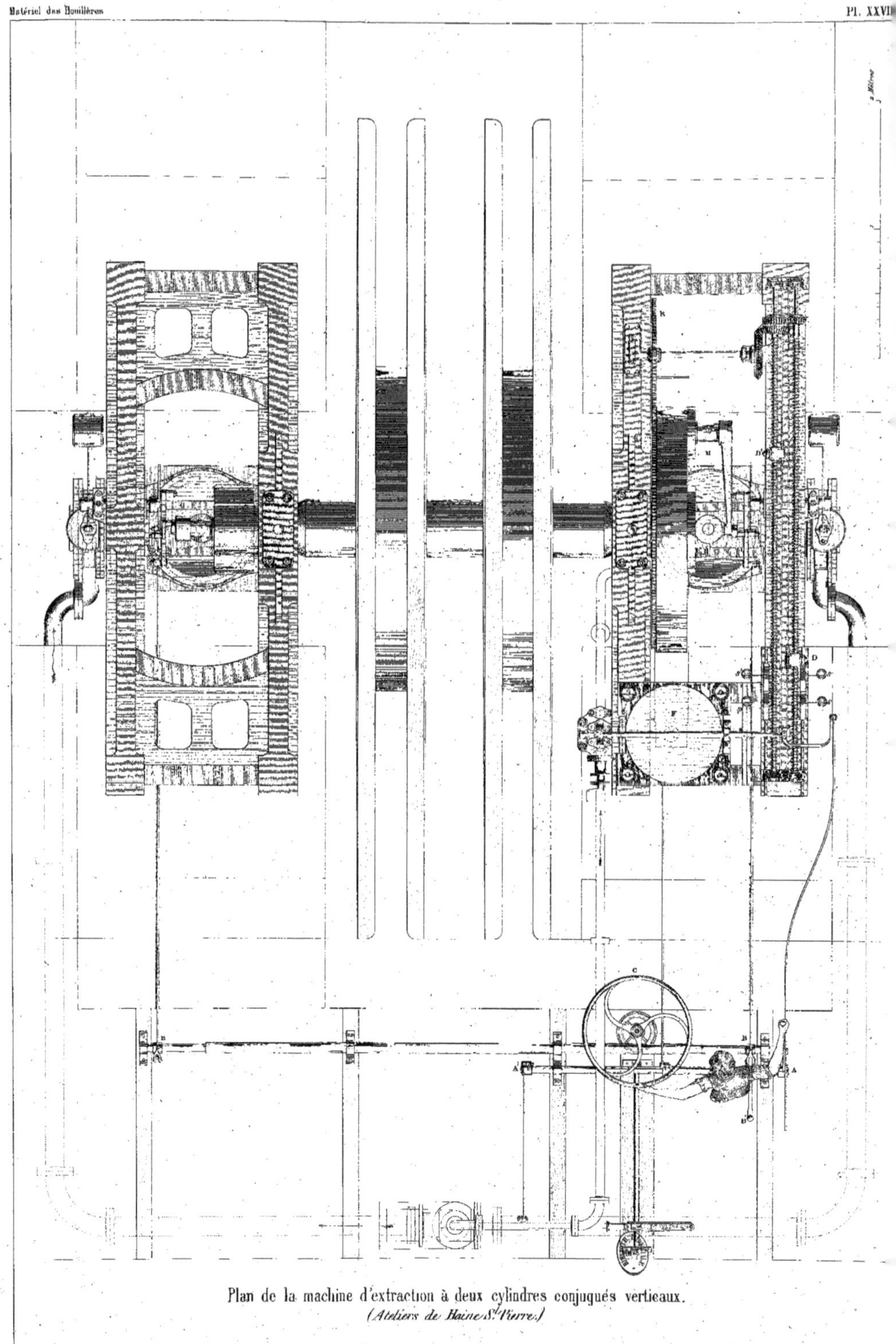

Plan de la machine d'extraction à deux cylindres conjugués verticaux.
(Ateliers de Haine S.t Pierre.)

Etabl.t de E. Noblet, Editeur.

Machine d'extraction
à deux cylindres conjugués verticaux.
(Ateliers de Haine S.t Pierre.)

Etabl.t de E. Noblet, Editeur.

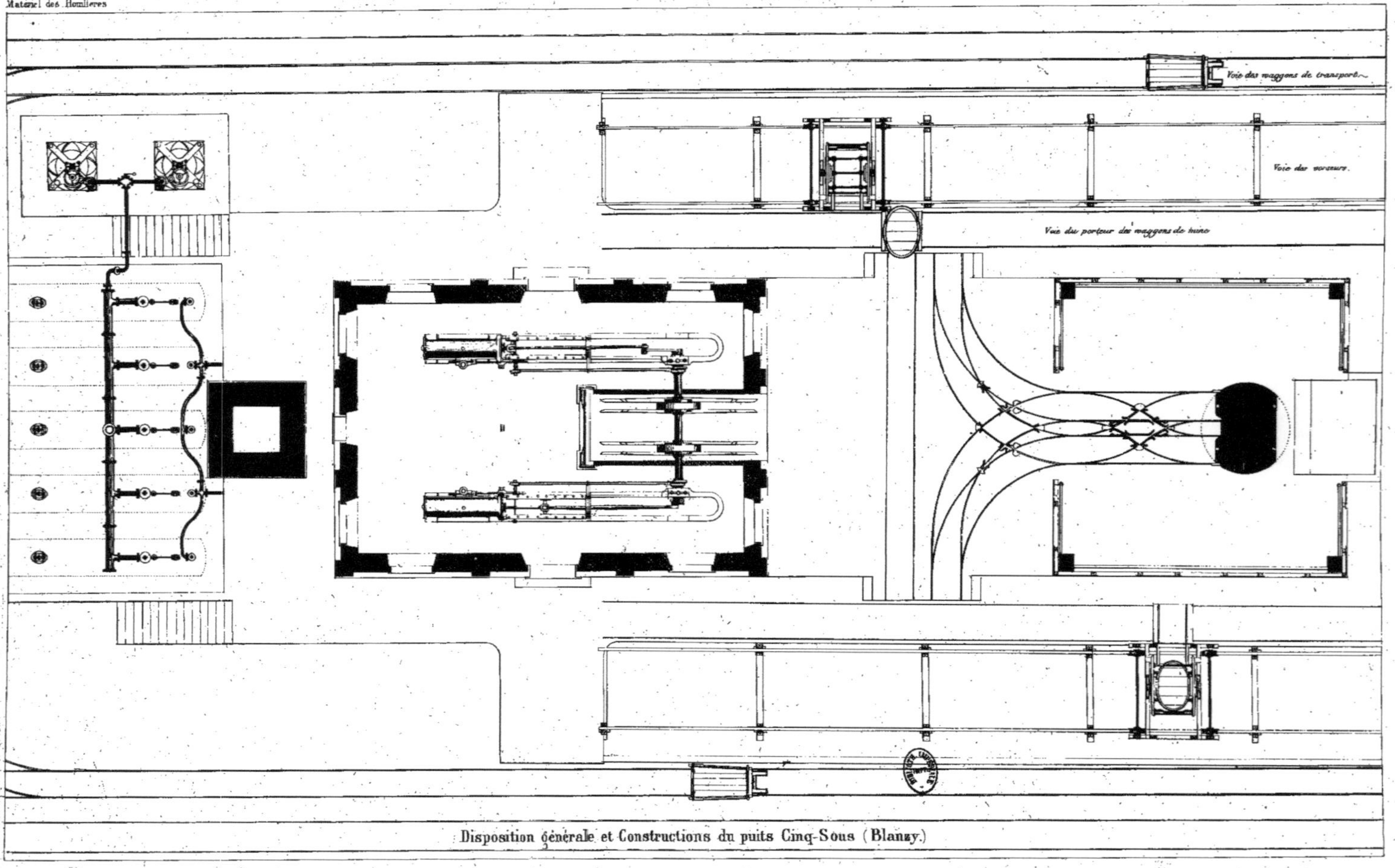

Disposition générale et Constructions du puits Cinq-Sous (Blanzy.)

Établ.t de E. Noblet, Éditeur.

Disposition générale du puits Cinq-Sous à Blanzy.

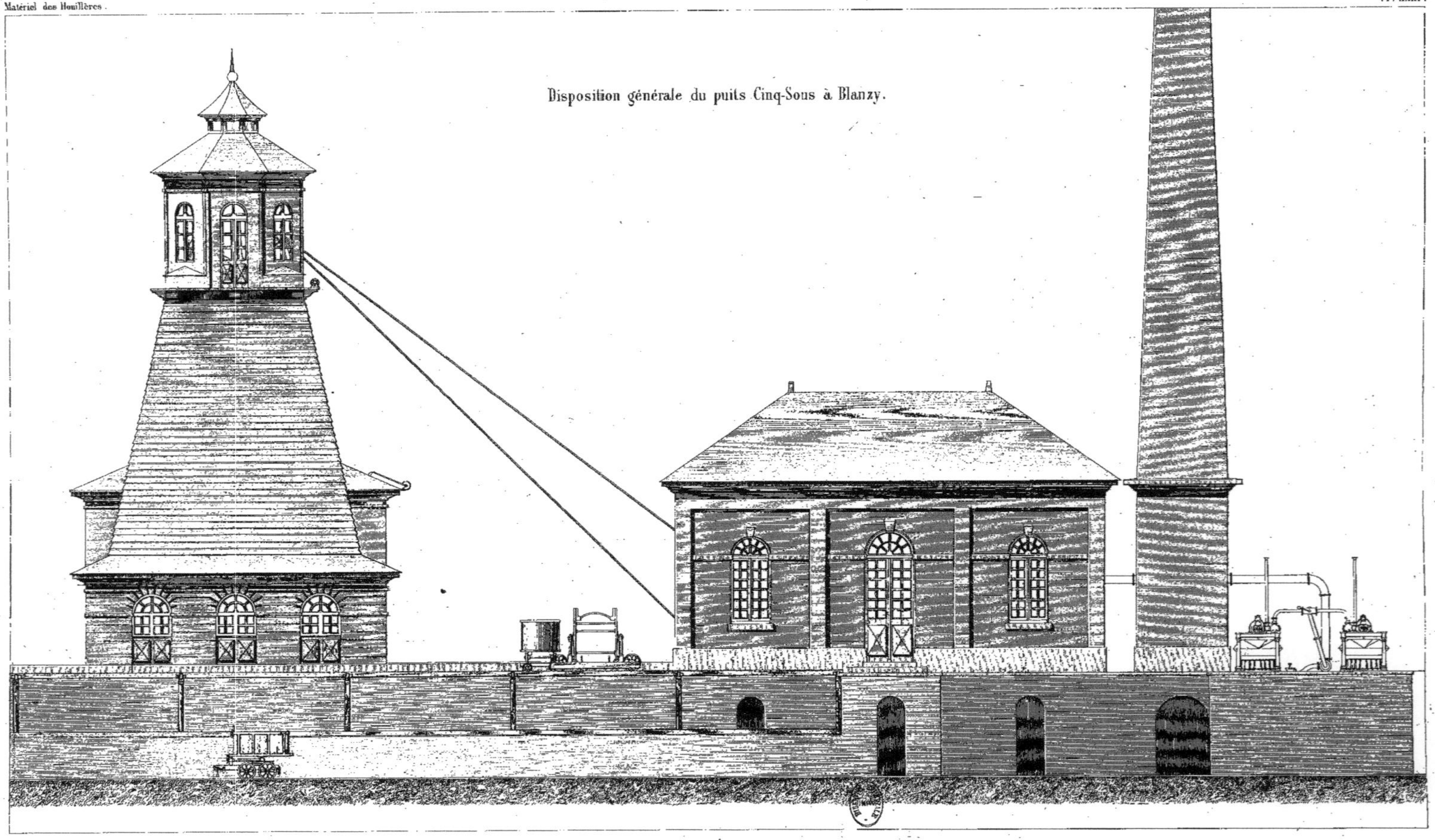

Établ^t de E. Noblet, Éditeur

Plan des Bâtiments de la Fosse Villars à Denain.

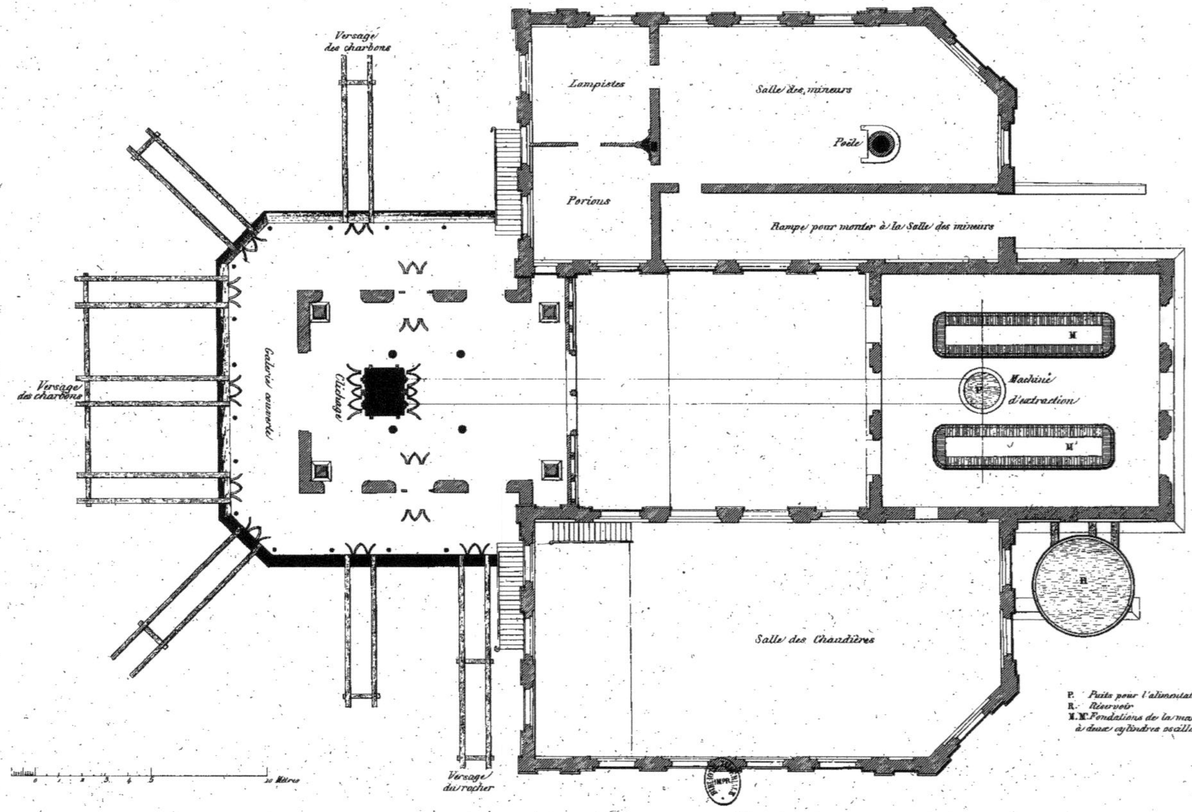

P. Puits pour l'alimentation
R. Réservoir
M.M'. Fondations de la machine à deux cylindres oscillants

Établ.t de E. Noblet, Éditeur.

Élévation des Bâtiments de la Fosse Villars, à Denain.

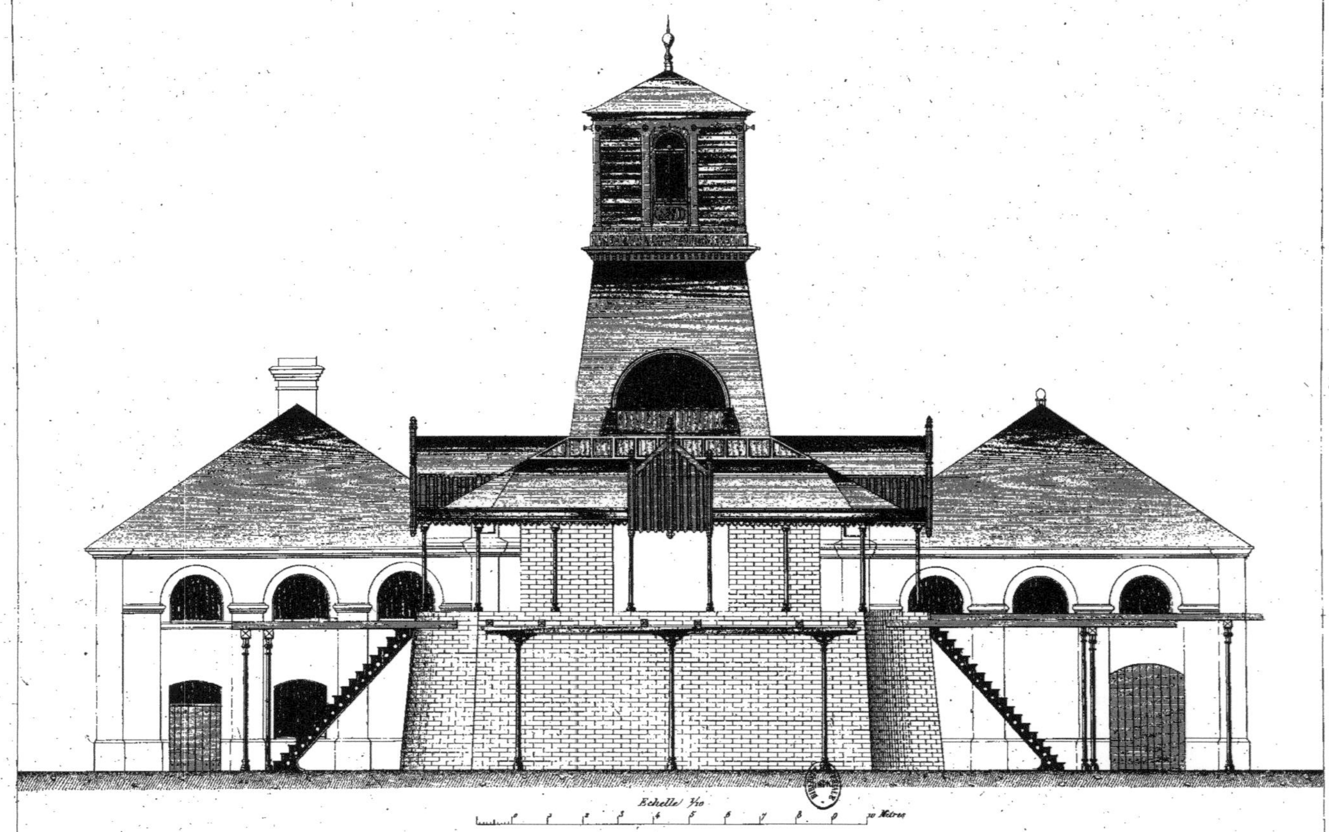

Echelle 1/10

1 2 3 4 5 6 7 8 9 10 Mètres

Établ^t de E. Noblet, Éditeur.

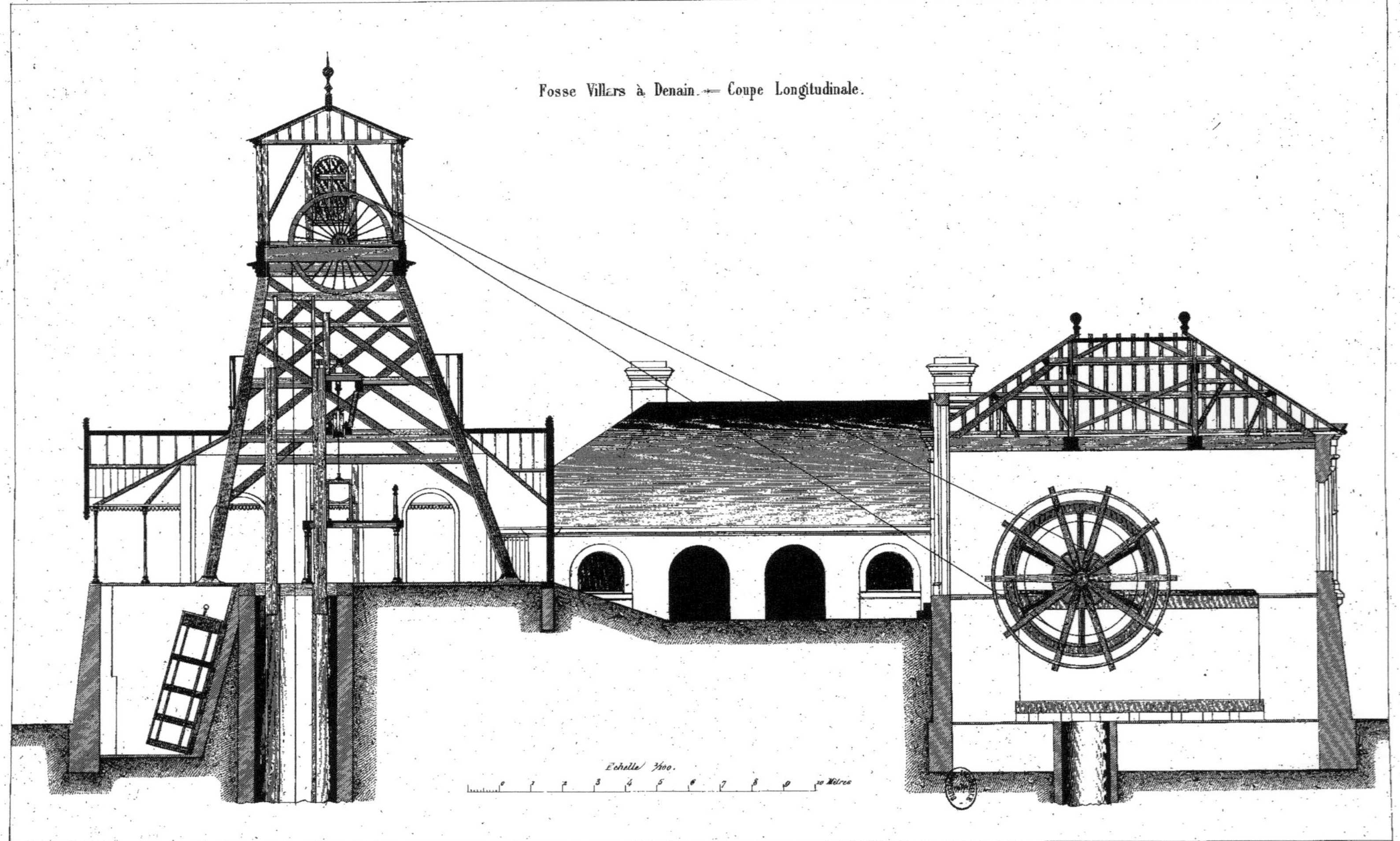

Fosse Villars à Denain. — Coupe Longitudinale.

Echelle 1/100.

0 1 2 3 4 5 6 7 8 9 10 Mètres

Fosse Villars à Denain. — Coupe Transversale.

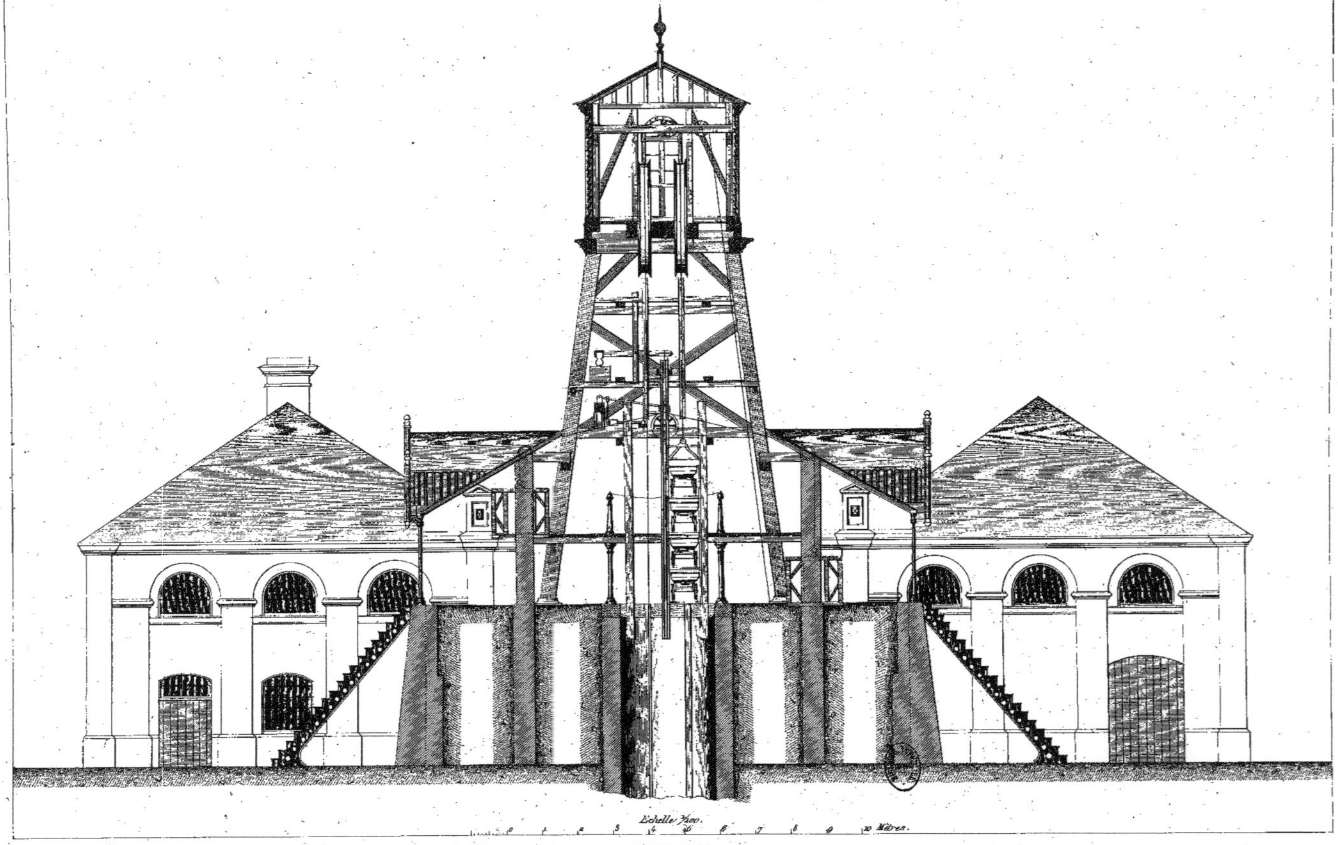

Établt. de E. Noblet, Éditeur

Fosse Villars à Denain. — Coupe suivant la ligne AB du plan.

Établ.ts de F. Noblet, Éditeur.

Bâtiment de la Fosse Nº 4 du Nord de Charleroy. (Sart lez Moulins)

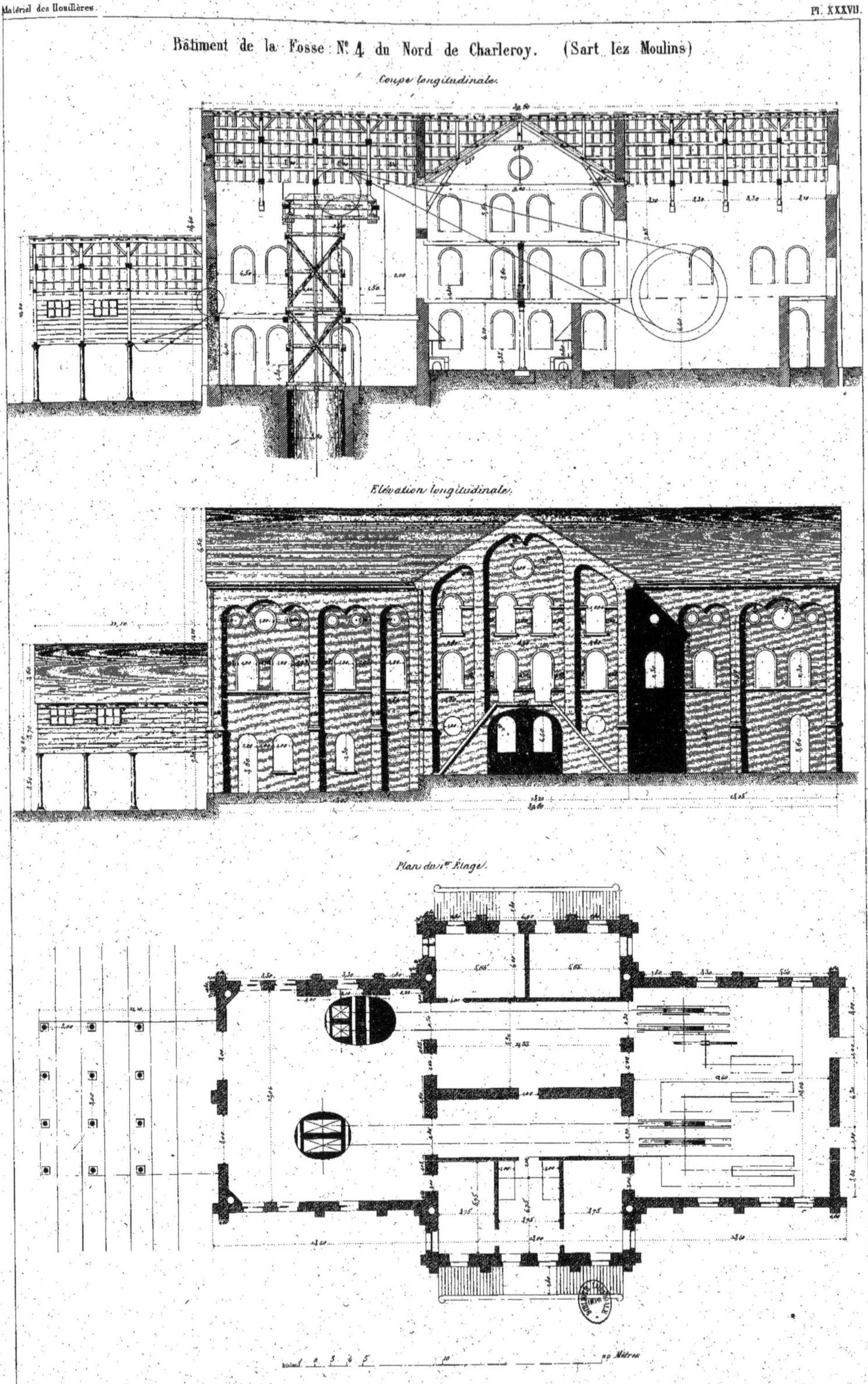

Établt de E. Noblet, Éditeur.

Bâtiment de Fosse du Charbonnage de Rochelle, à Roux près Charleroy.

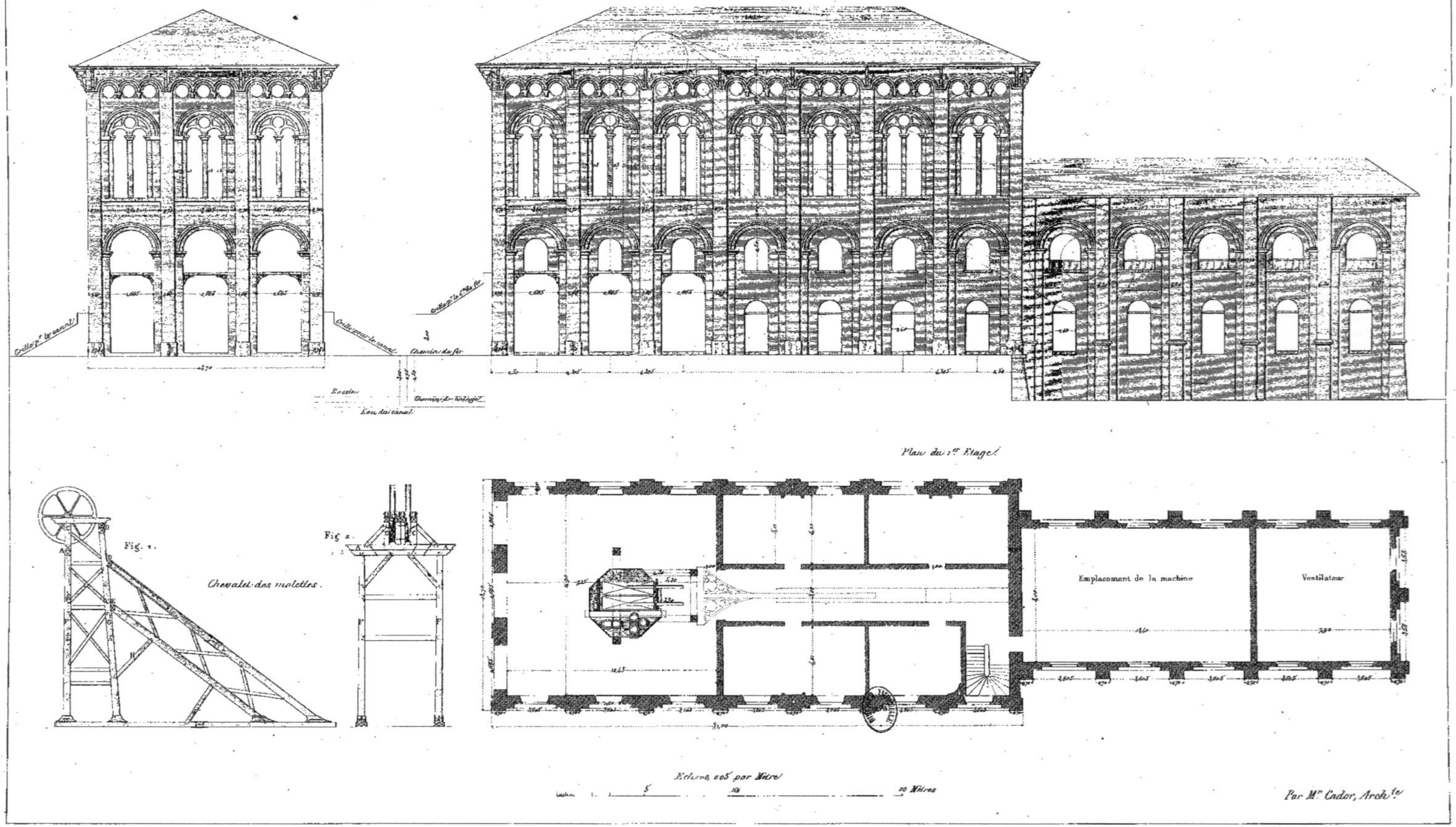

Par Mr Cador, Archte

Plan, Coupe et Élévation d'un Bâtiment de Fosse, dans le Borinage.

Élévation longitudinale

Coupe transversale

Centre du puits

Élévation latérale

Plan

Echelle de 0,005 pour mètre.

0 1 2 3 4 5 6 7 8 9 10 20 30 Mètres

Vuald. éditeur E. Noblet, Editeur.

Fosse de Noeux (Pas de Calais)

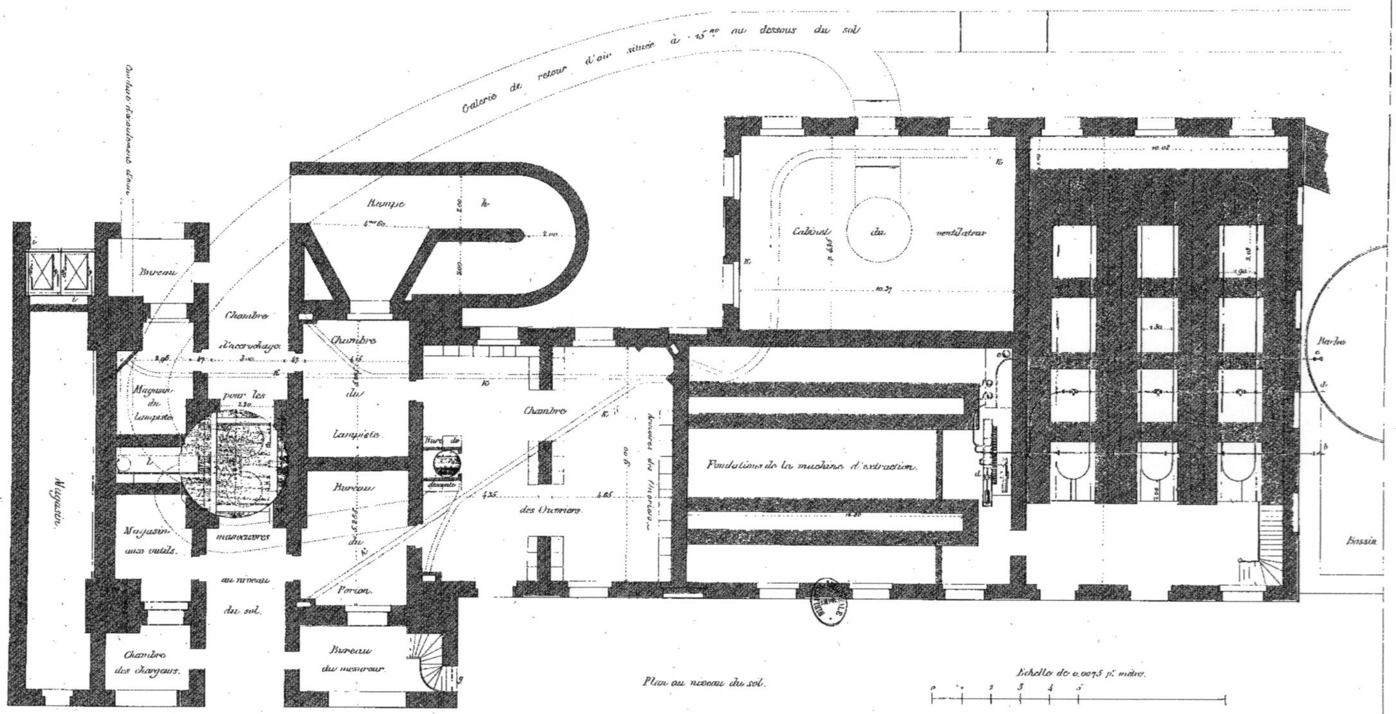

Galerie de retour d'air située à 15m au dessous du sol

Conduit d'écoulement d'eau

Rampe

Cabinet du ventilateur

Barbo

Bassin

Bureau

Chambre d'accrochage pour les manœuvres au niveau du sol

Chambre du Lampiste

Bureau du Porion

Chambre des Ouvriers

Armoires des Ouvriers

Fondations de la machine d'extraction

Magasin du Lampiste

Magasin aux outils

Magasin

Chambre des chargeurs

Bureau du mesureur

Plan au niveau du sol.

Echelle de 0,0075 p. mètre.

Fosse de Nœux.

Disposition générale des Batiments et des Machines d'extraction et d'aérage.

Plan du niveau de la recette.

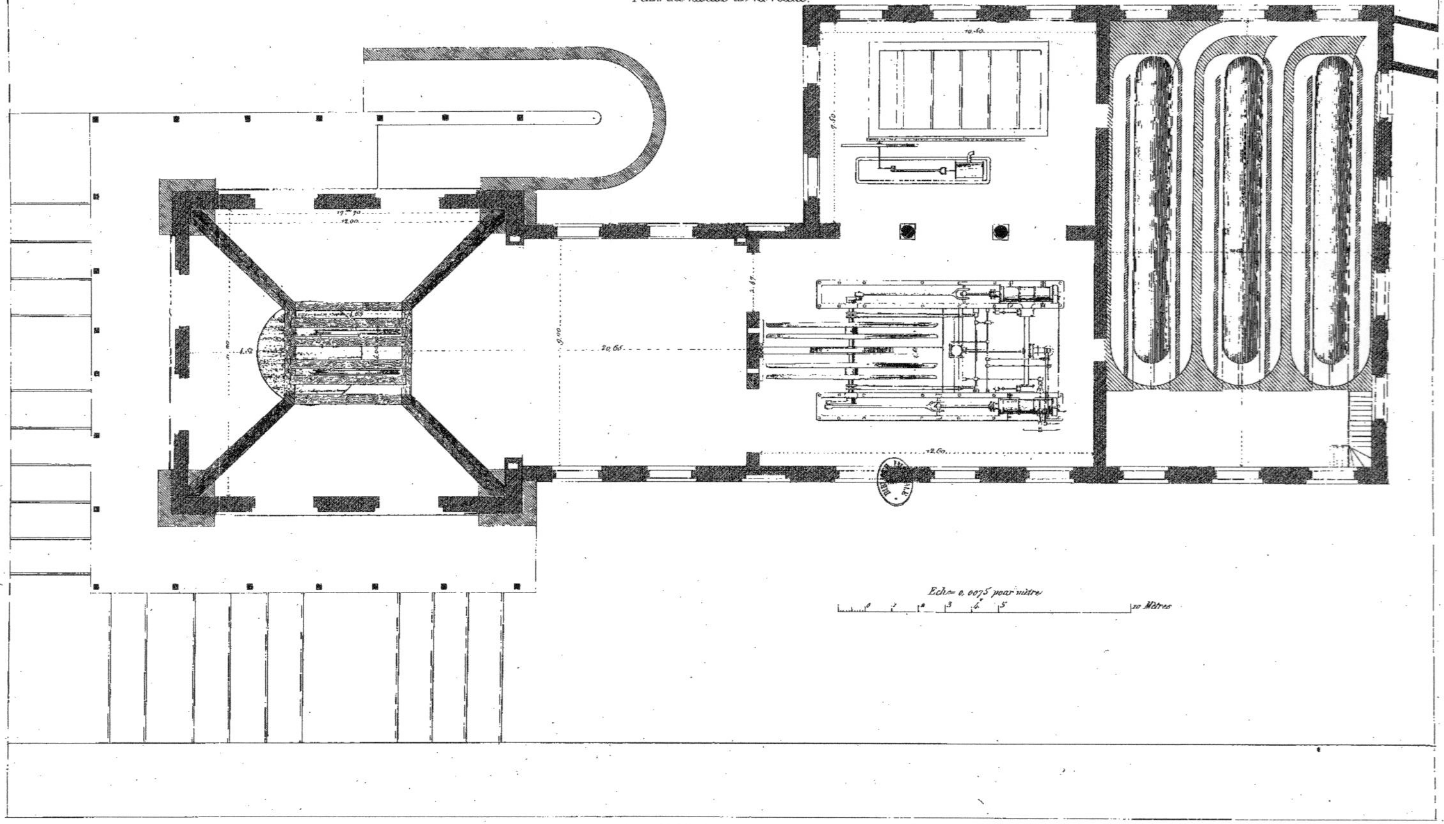

Ech.e 0,0075 pour mètre

0 1 2 3 4 5 10 Mètres

Etabl.t de E. Noblet, Editeur.

Fosse de Nœux *(Profil.)*

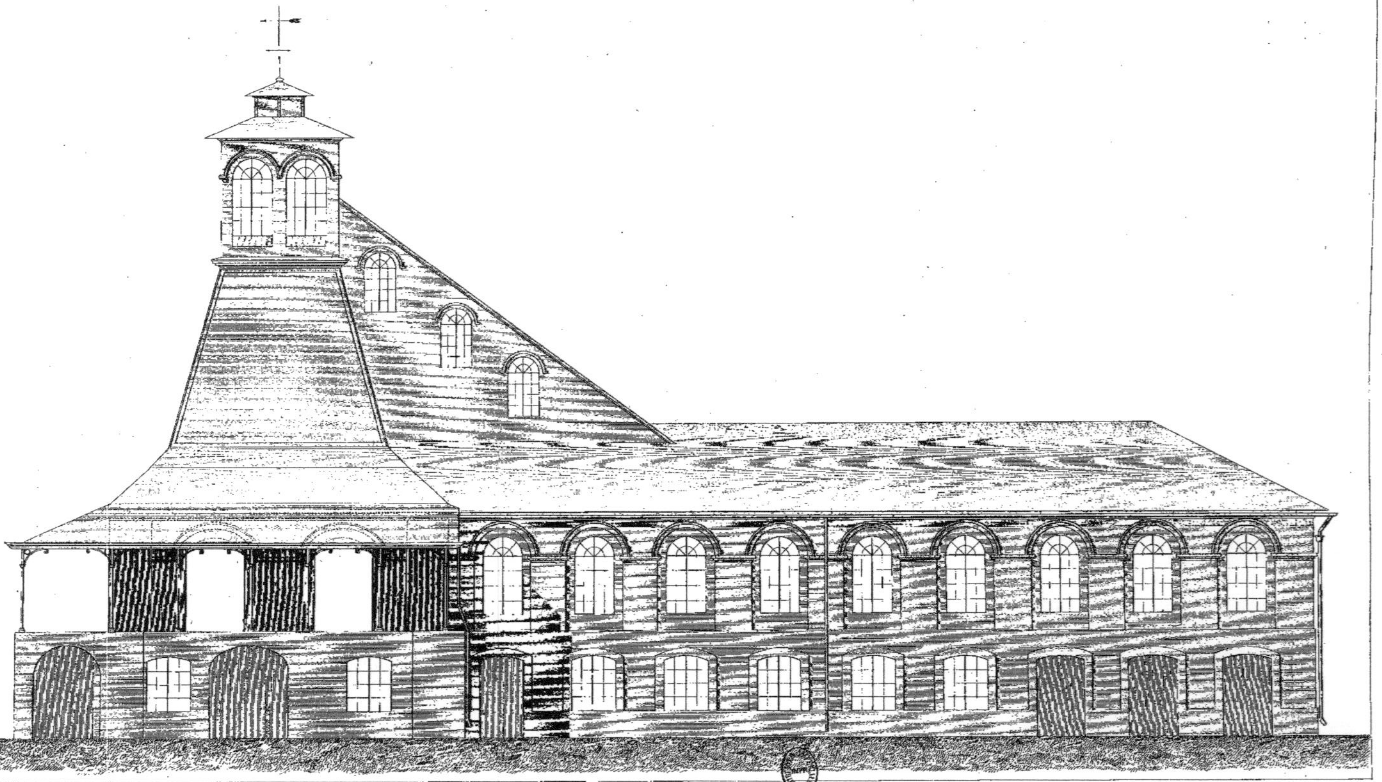

Établ^t de E. Noblet, Éditeur.

Fosse de Noeux.

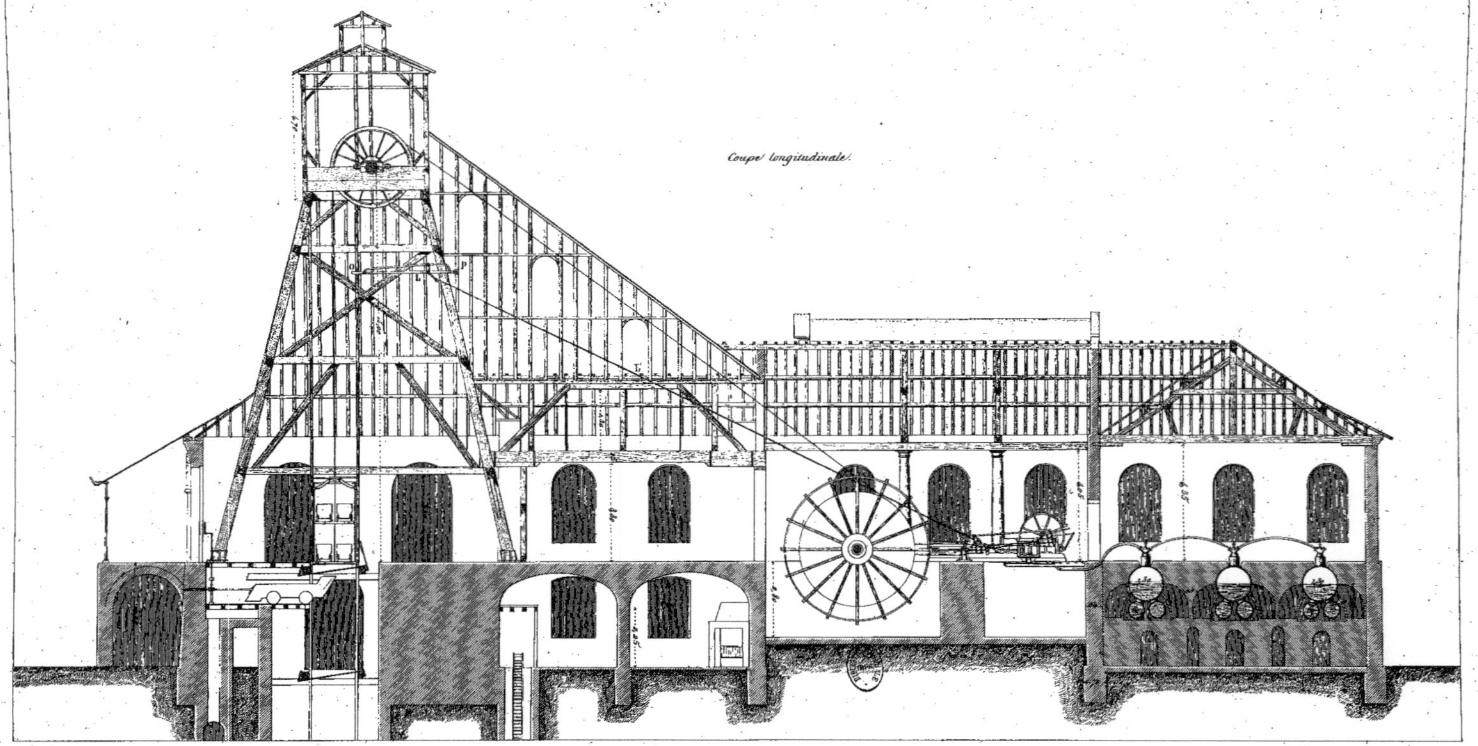

Coupe longitudinale.

Établt de F. Noblet, Éditeur.

Fosse de Noeux.

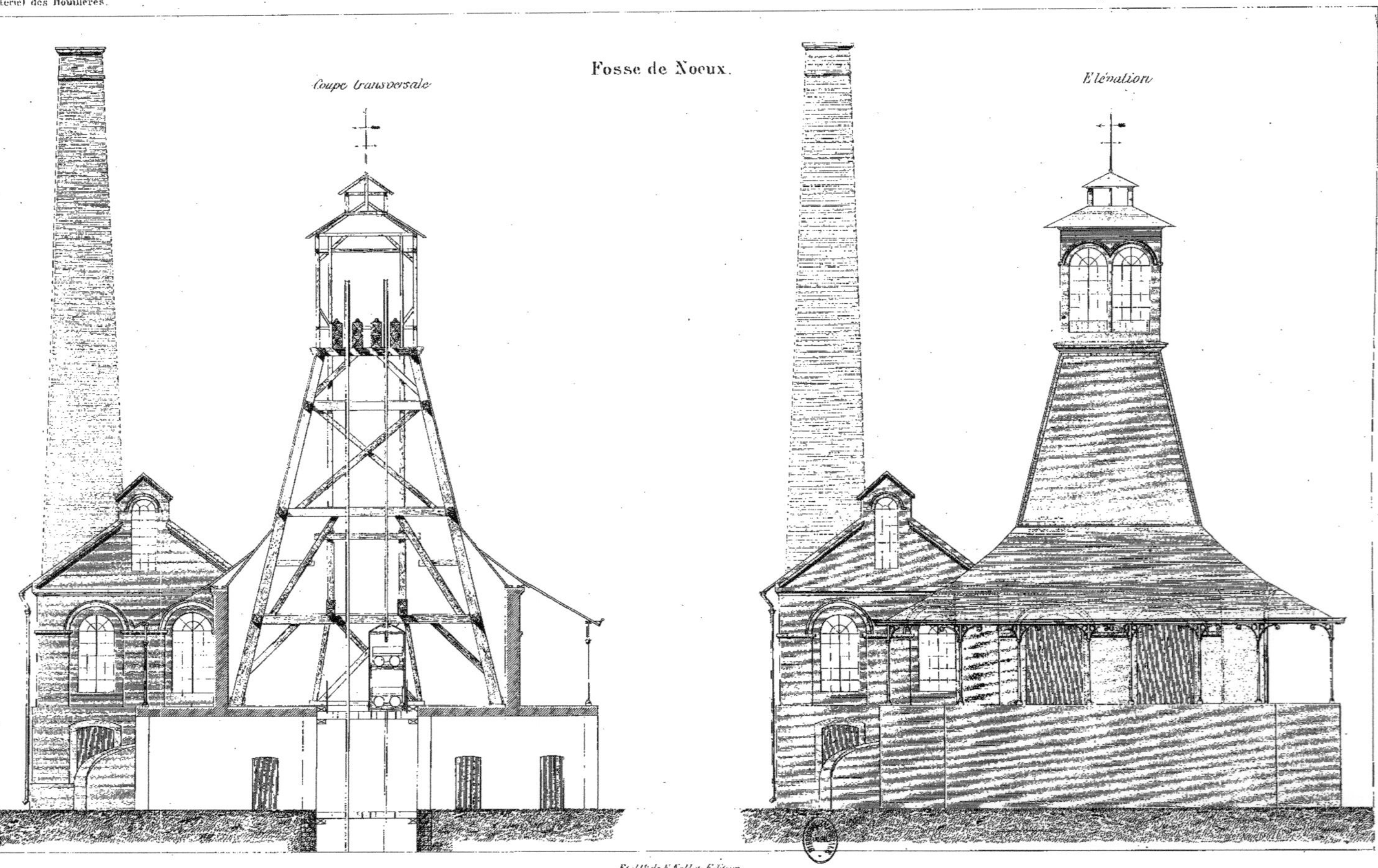

Étabt de E. Kollet, Éditeur

Puits de Lucy. N° 3. près Blanzy. (Profil.)

Chargement et triage.

Voies des Waggons du jour.

Établt de E. Noblet, Éditeur.

Puits de Lucy N° 3, *Près Blanzy* (*Élévation.*)

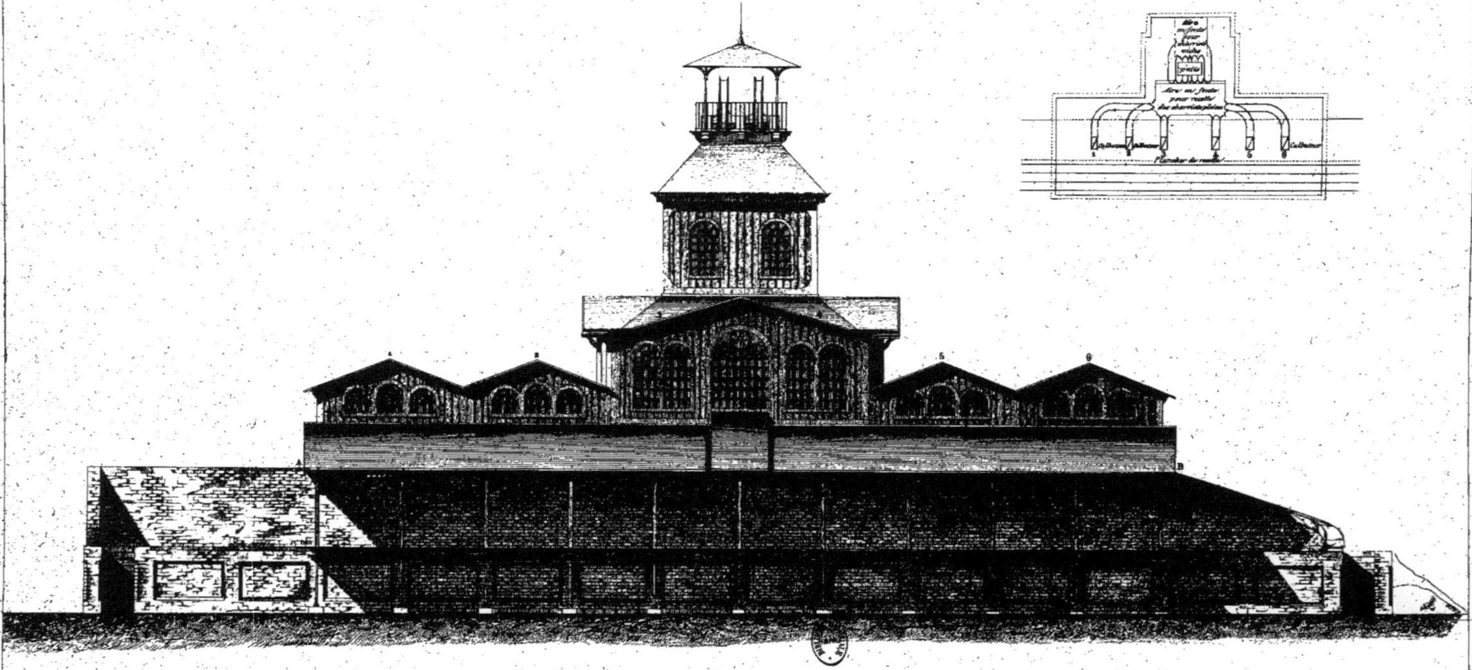

Établt de E. Noblet, Éditeur.

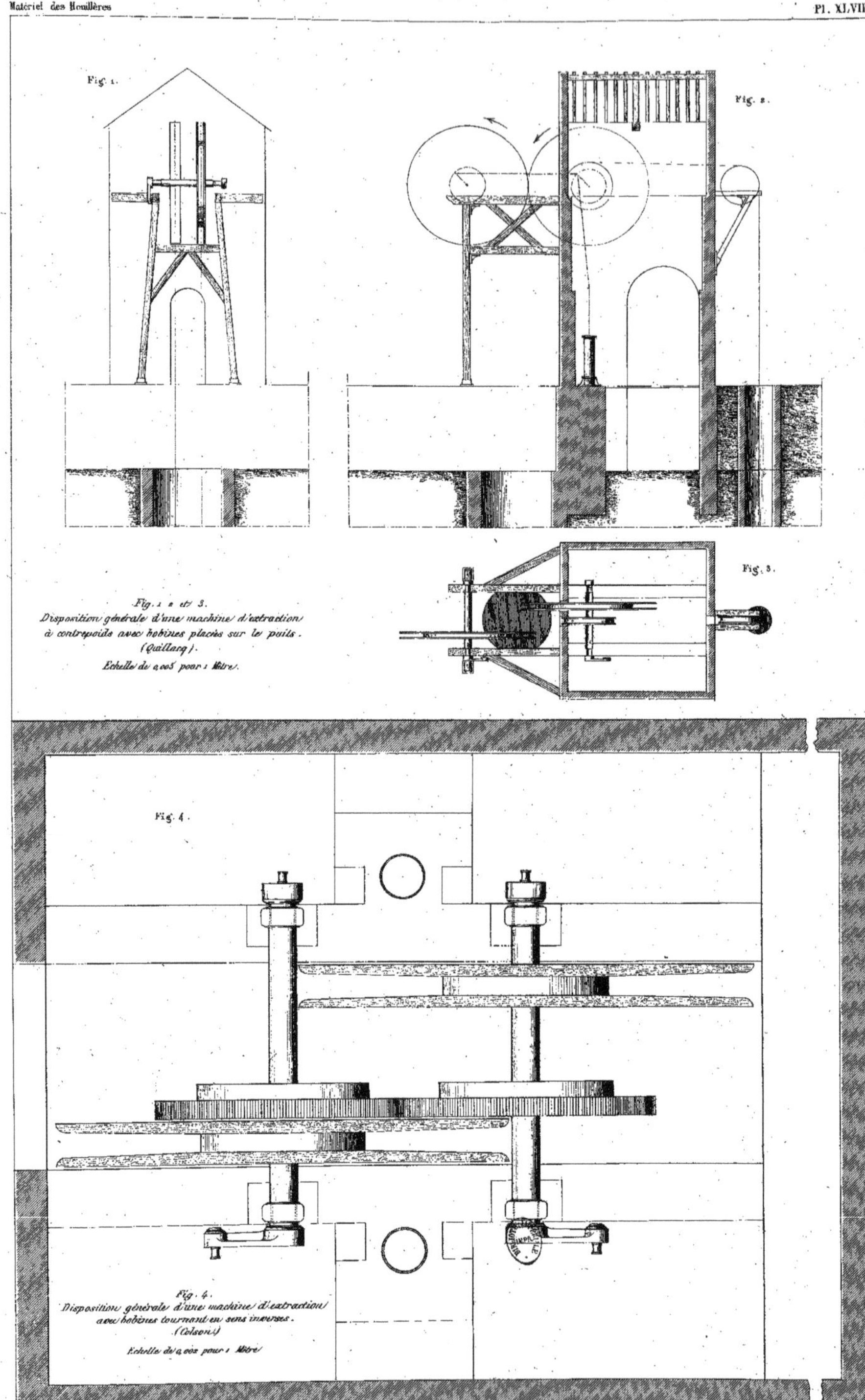

Fig. 1, 2 et 3.
Disposition générale d'une machine d'extraction à contrepoids avec bobines placées sur le puits. (Quillacq).
Echelle de 0,005 pour 1 Mètre.

Fig. 4.
Disposition générale d'une machine d'extraction avec bobines tournant en sens inverses. (Colson)
Echelle de 0,002 pour 1 Mètre.

Etabl.t de R. Noblet, Editeur.

Fosse d'Hérin. — Installation du chevalet d'extraction.

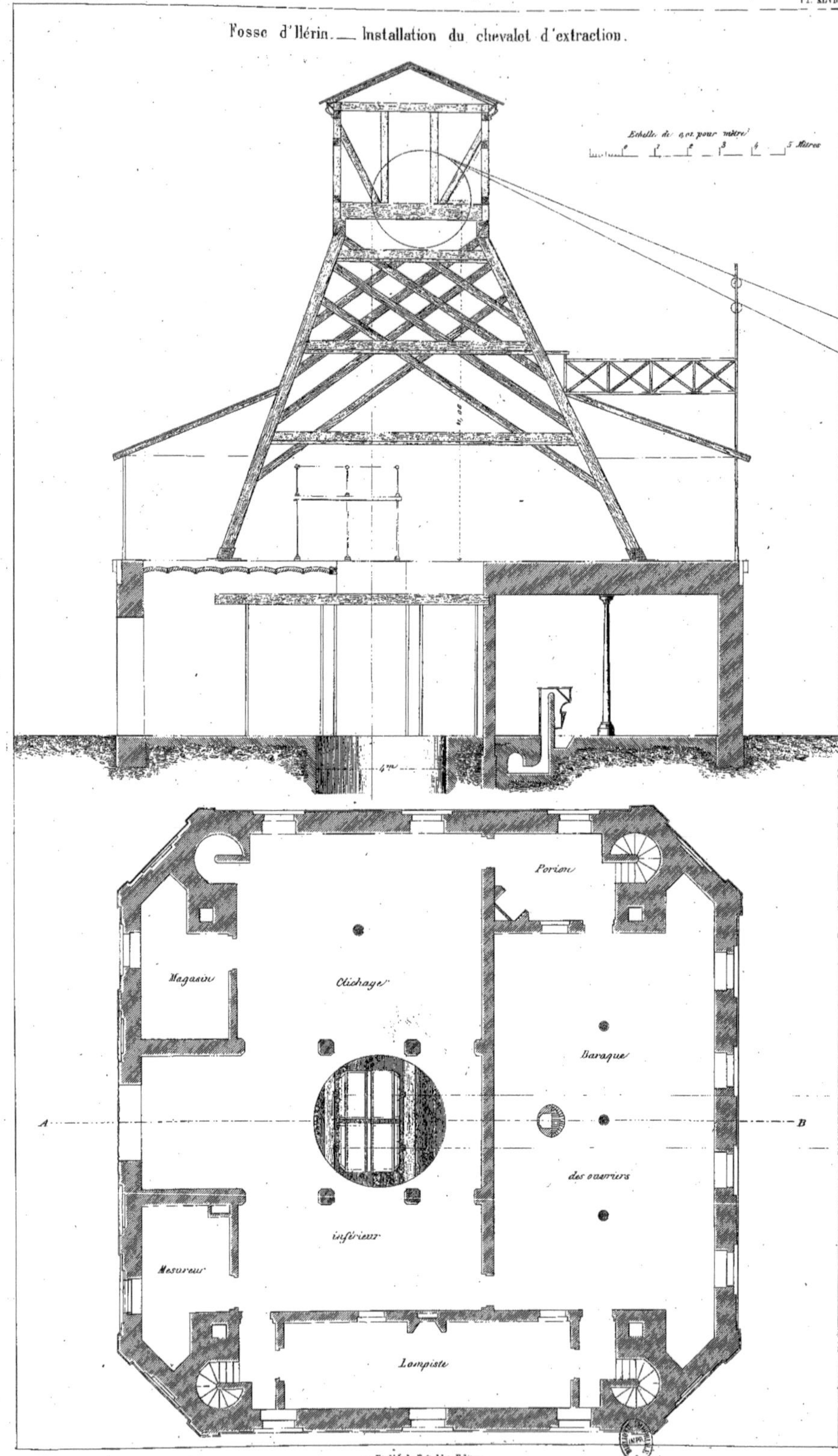

Établ.t de E. Noblet, Éditeur

Établ.t de E. Noblet, Éditeur.

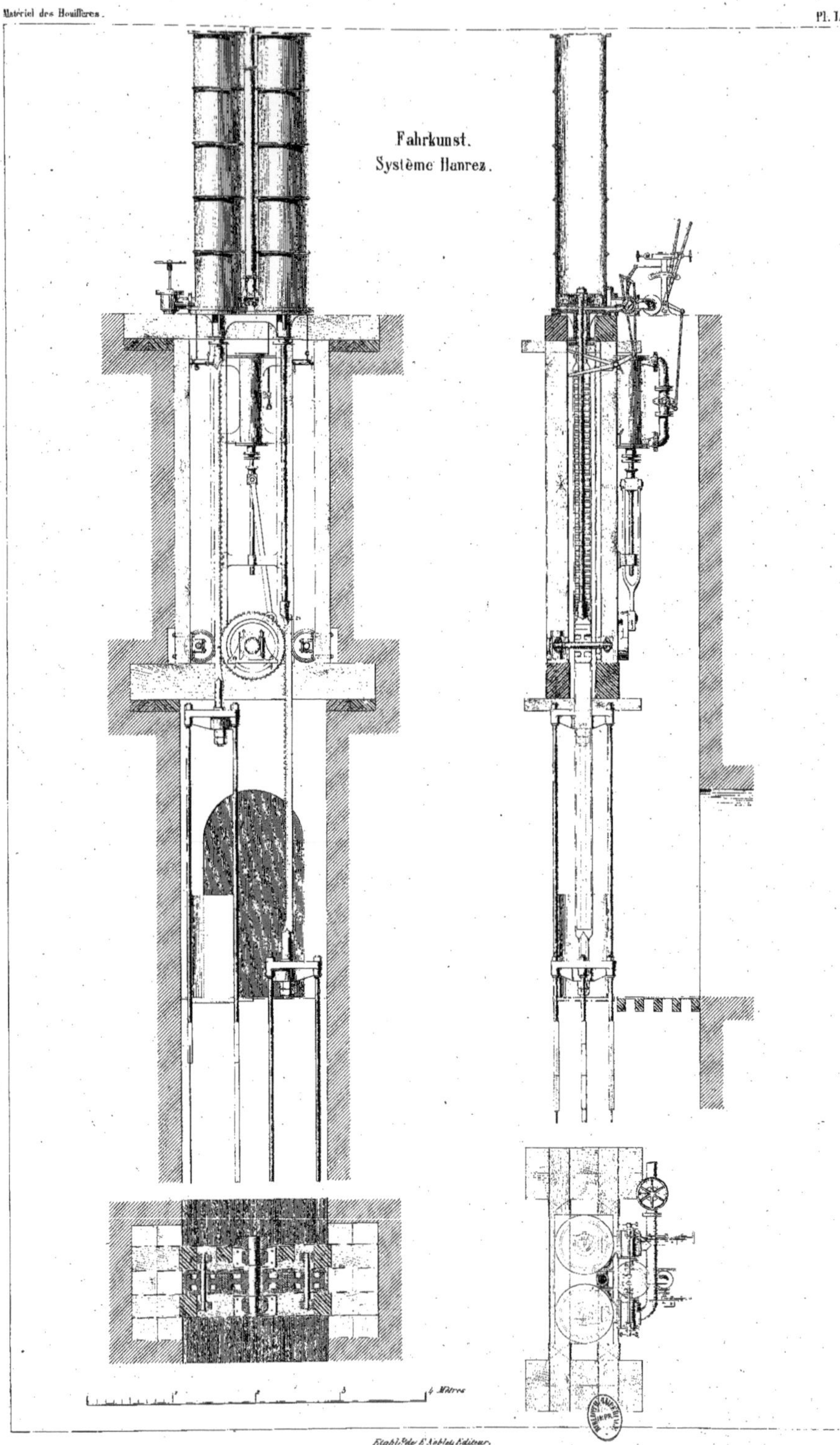

Etabl.t de E. Noblet, Editeur.

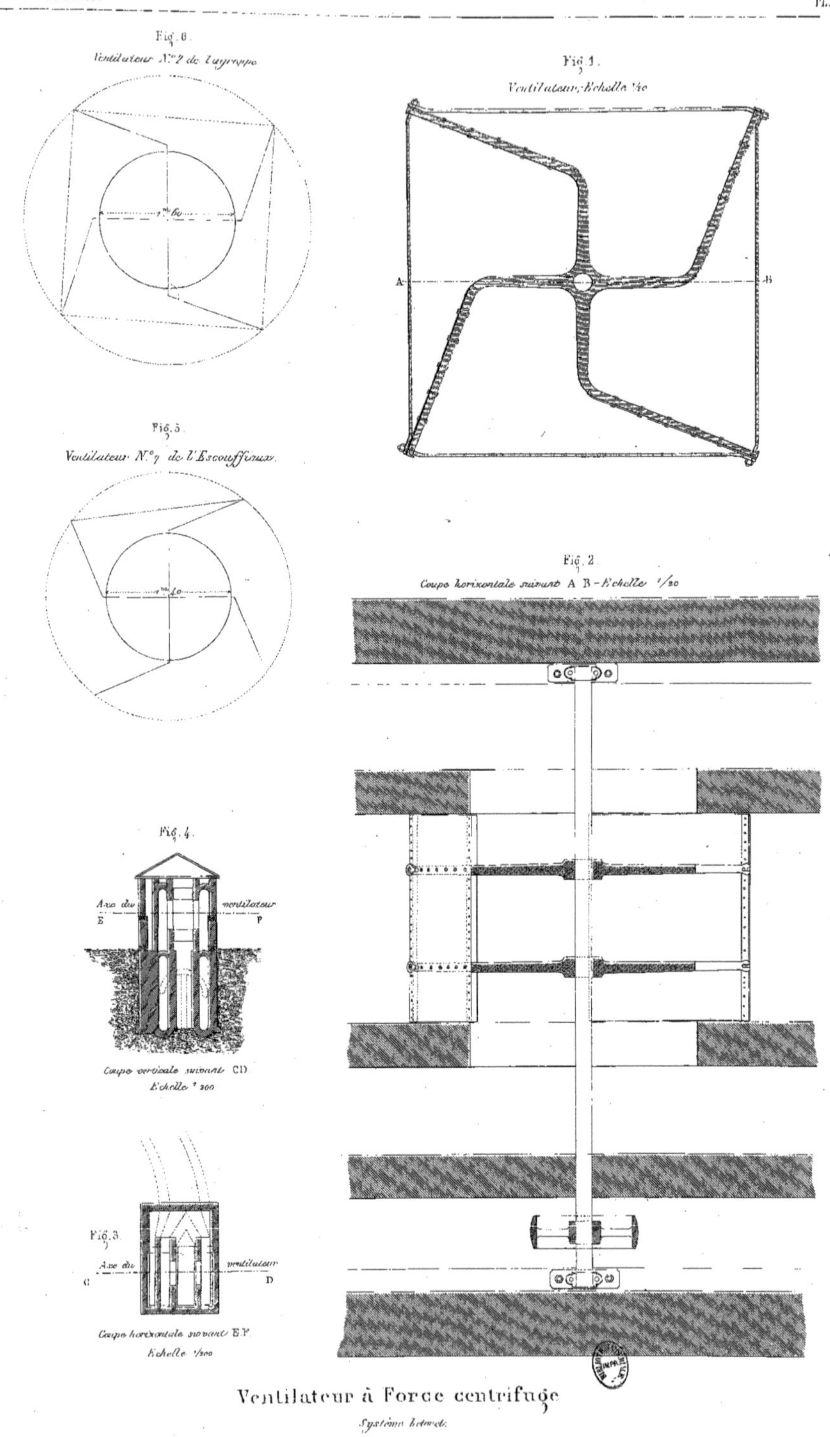

Ventilateur à Force centrifuge

Système Letoret.

Établ. de E. Noblet, Éditeur.

Ventilateur à force centrifuge (Système Guibal.)

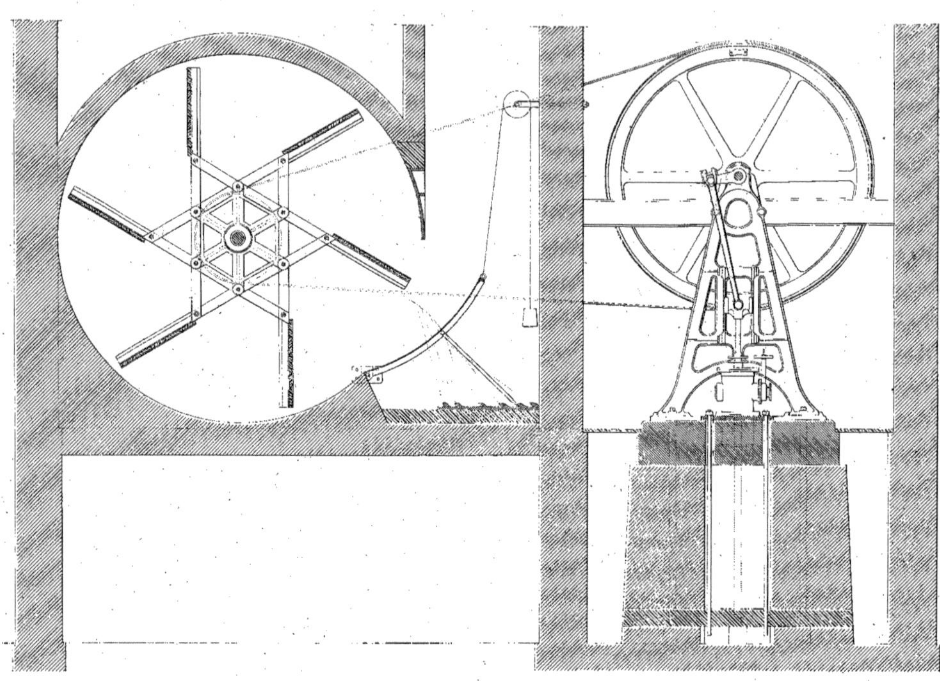

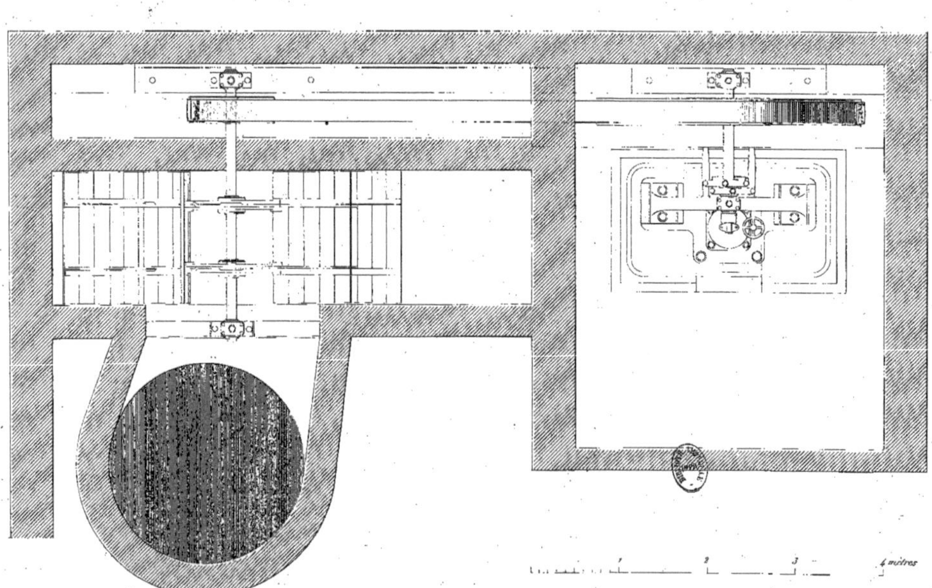

Établ.t de E. Noblet, Éditeur.

Ventilateur à Force centrifuge. (Système Duvergier)

établi au Monceau près Blanzy.

Fig. 1.

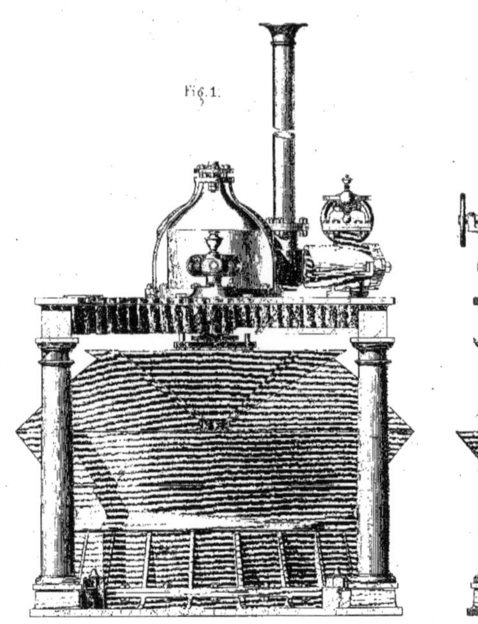

Fig. 2.

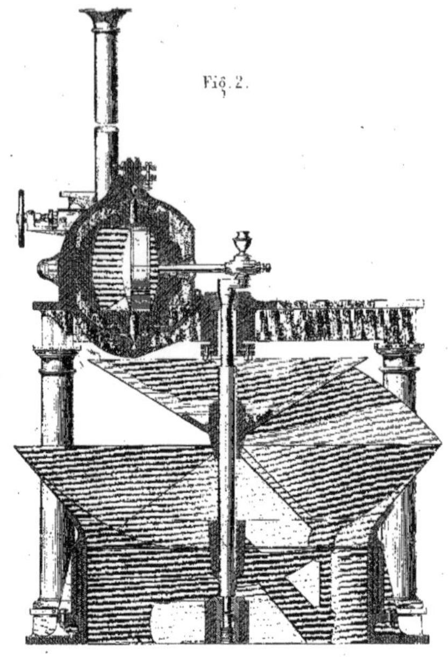

Fig. 3.

Fig. 4.

2 mètres.

Établ.t de E. Noblet, Éditeur.

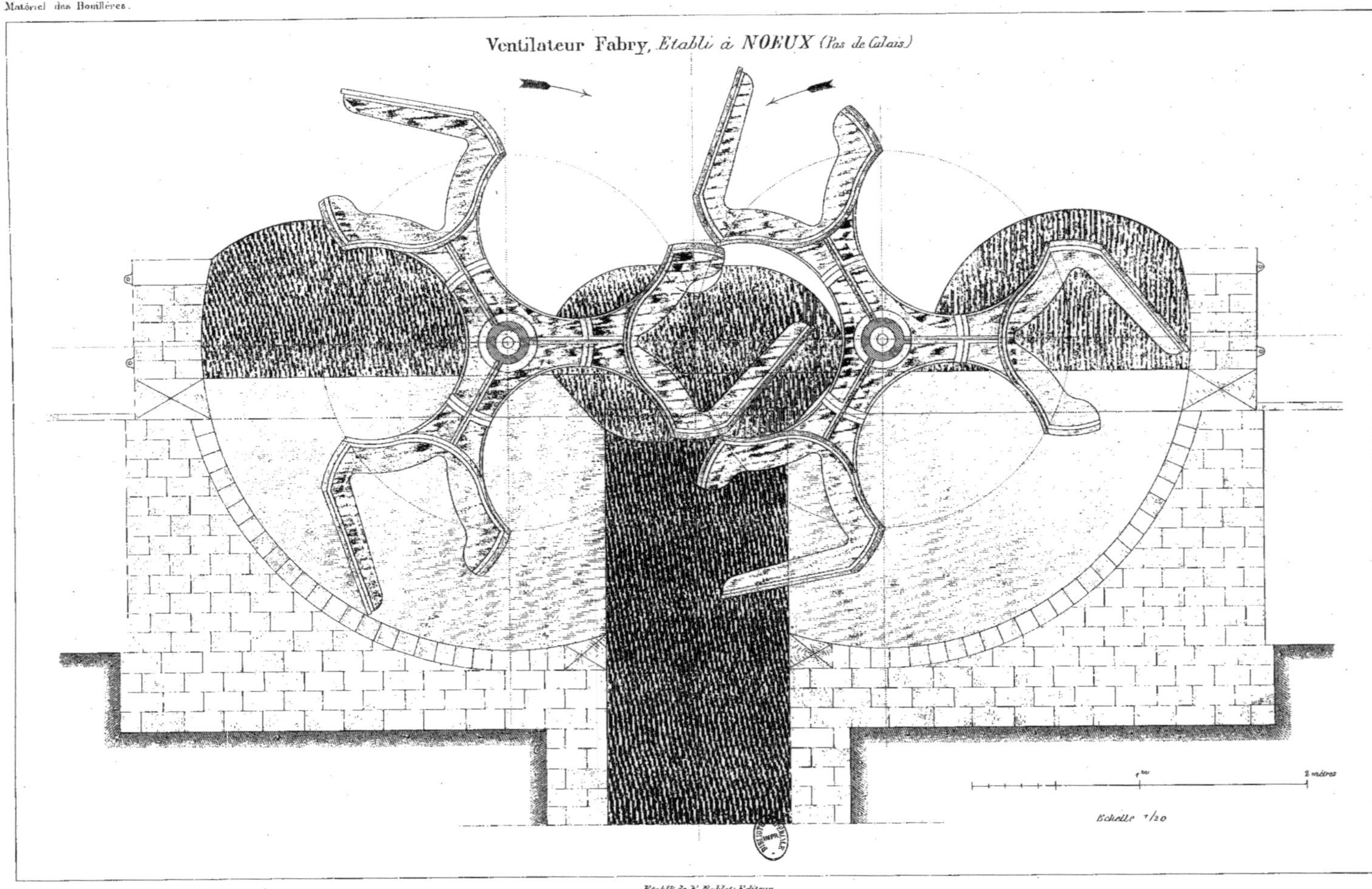

Etablt de E. Noblet, Editeur

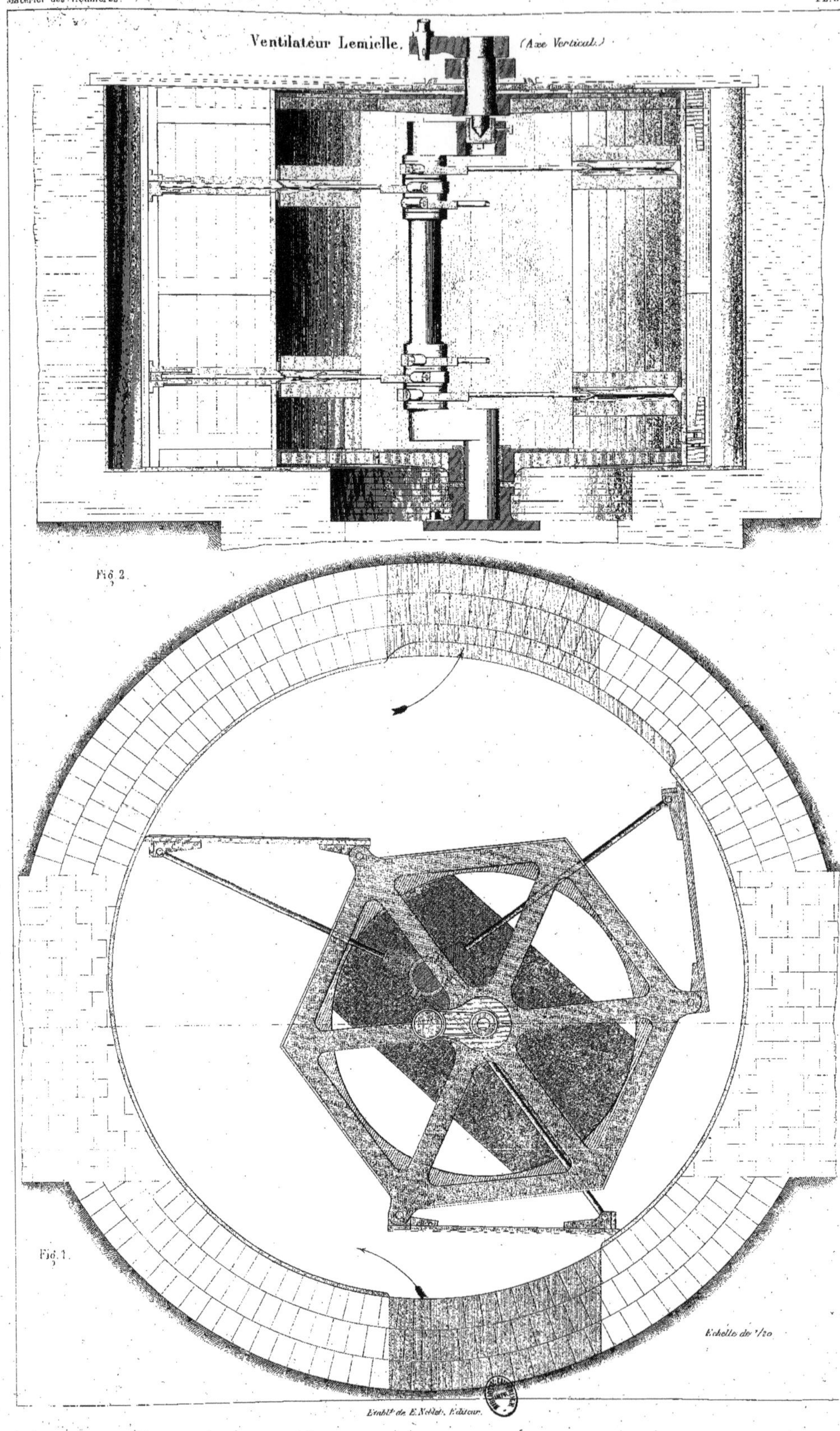
Ventilateur Lemielle. (Axe Vertical.)
Fig. 2.
Fig. 1.
Echelle de 1/20

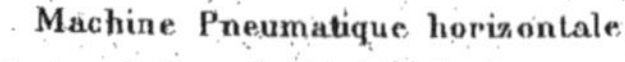

Machine Pneumatique horizontale.

établie au Bourbier, près Charleroy.

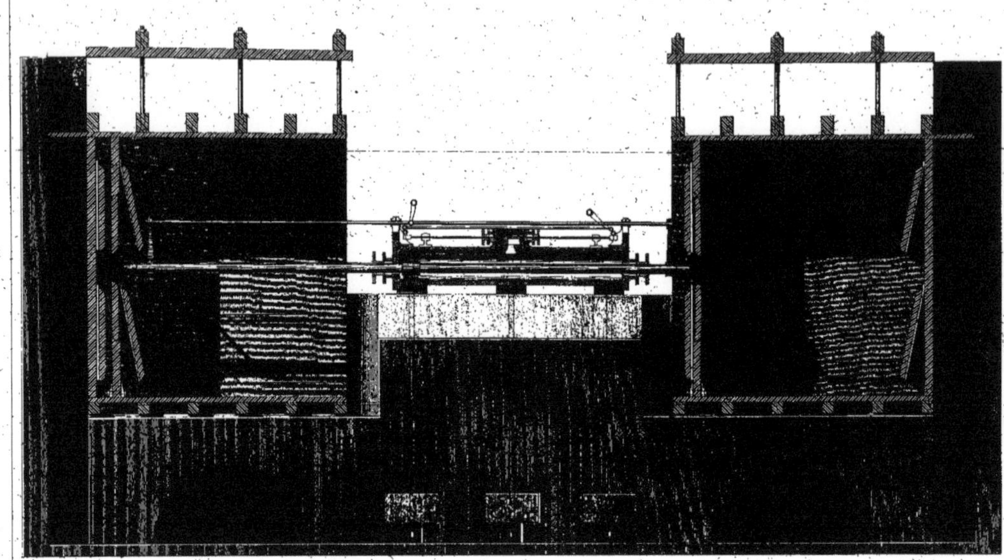

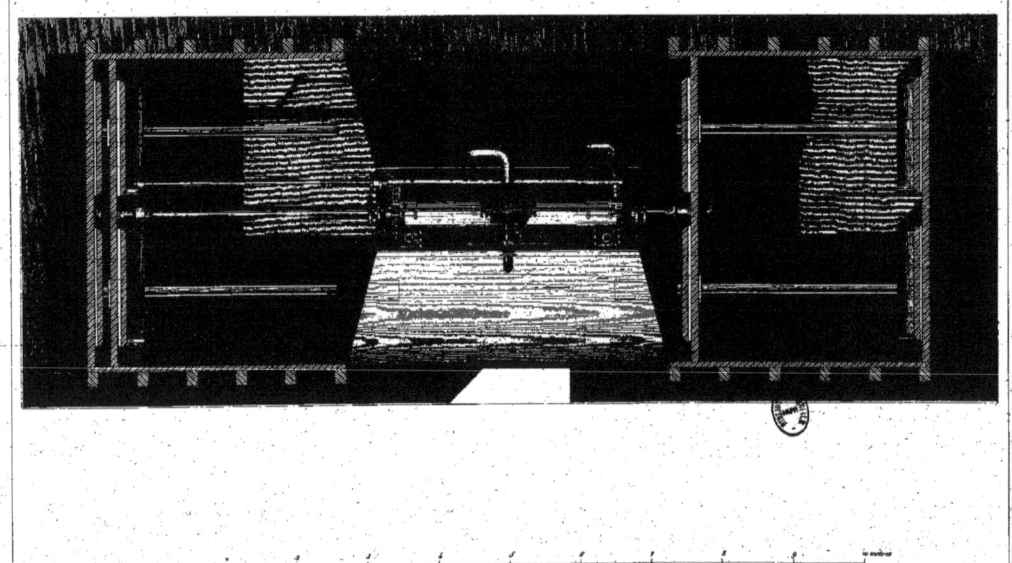

Établt de E. Noblet, Éditeur

Pompe élévatoire, suspendue, employée pour l'Avaleresse de St Saulve. (Anzin.)

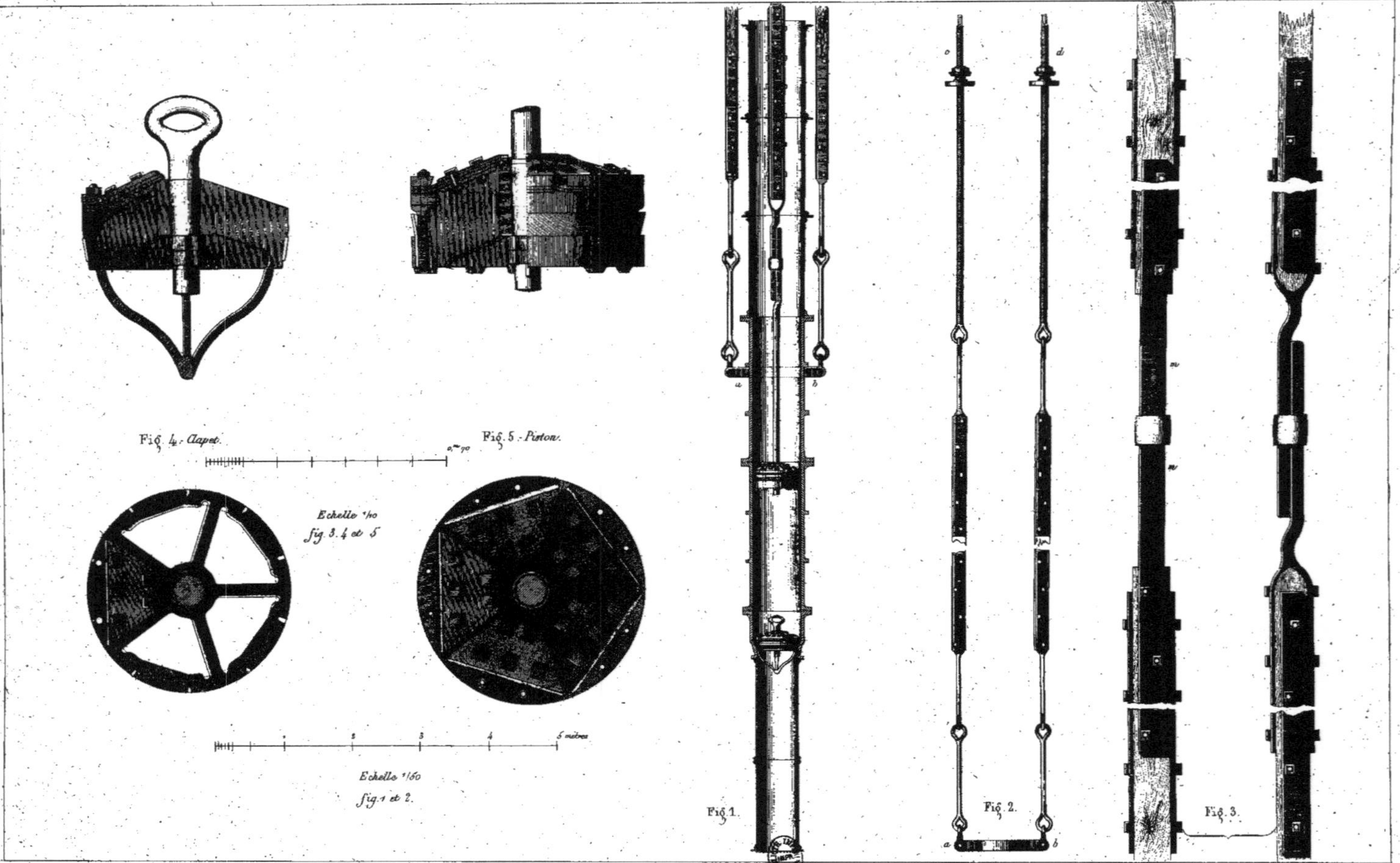

Fig. 4. Clapet.

Fig. 5. Piston.

0,m 70

Echelle 1/10
fig. 3. 4 et 5

1 2 3 4 5 mètres

Echelle 1/60
fig. 1 et 2.

Fig. 1.

Fig. 2.

Fig. 3.

a b c d m

Etablt de E. Noblet, Editeur

figures 1, 2 et 3
Clapet de pompe élévatoire ou foulante.

Fig. 1.

Fig. 2.

figures 4, 5 et 6
Piston à clapets pour pompe élévatoire

Fig. 3.

Fig. 4.

Fig. 5.

Fig. 6.

figures 7 et 8. Pompe foulante.

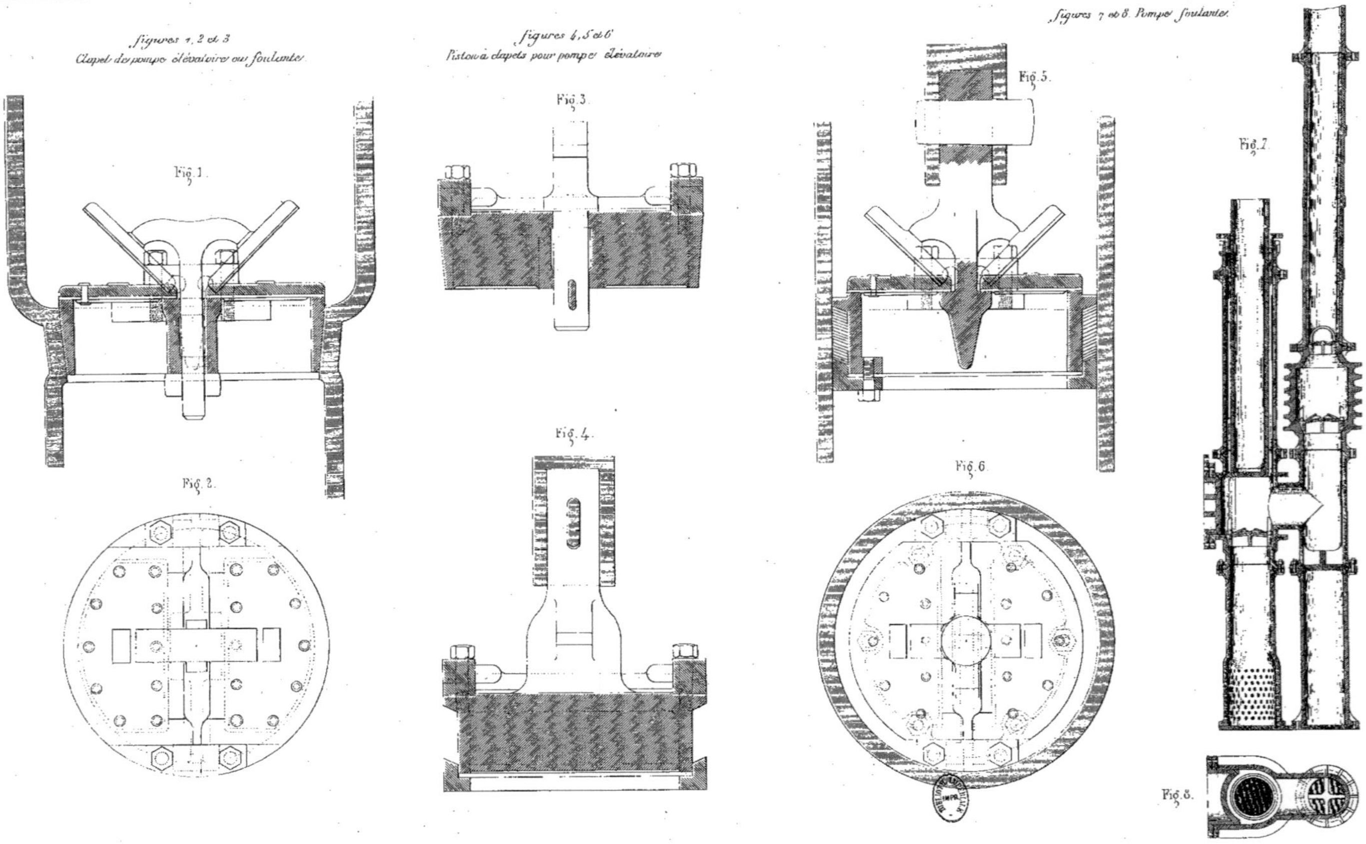

Fig. 7.

Fig. 8.

Etablt de P. Noblet, Editeur.

Avaleresse de Gelsenkirche. Clapets pour pompe de 0m. 80.

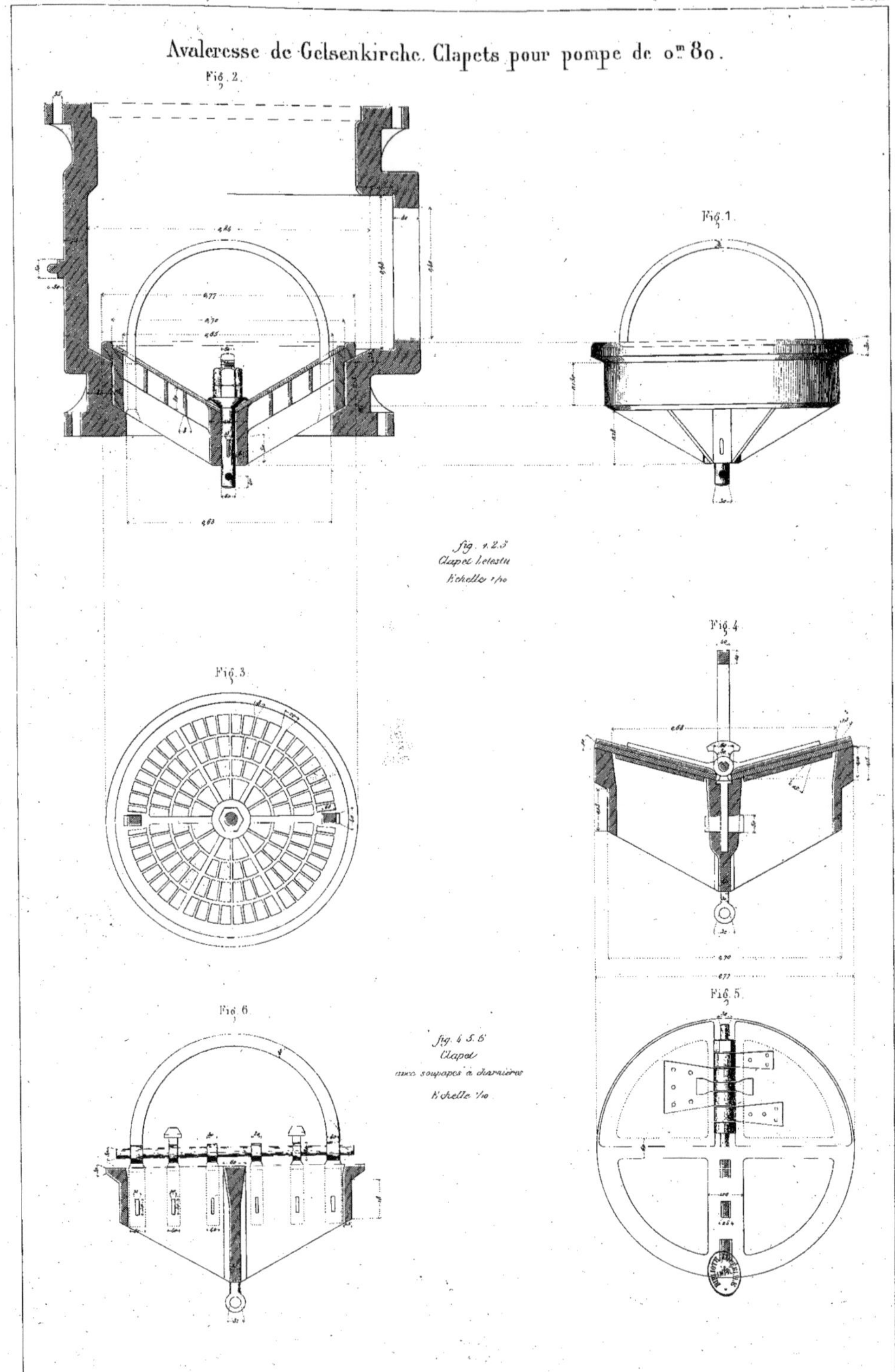

Etablt de E. Noblet, Editeur.

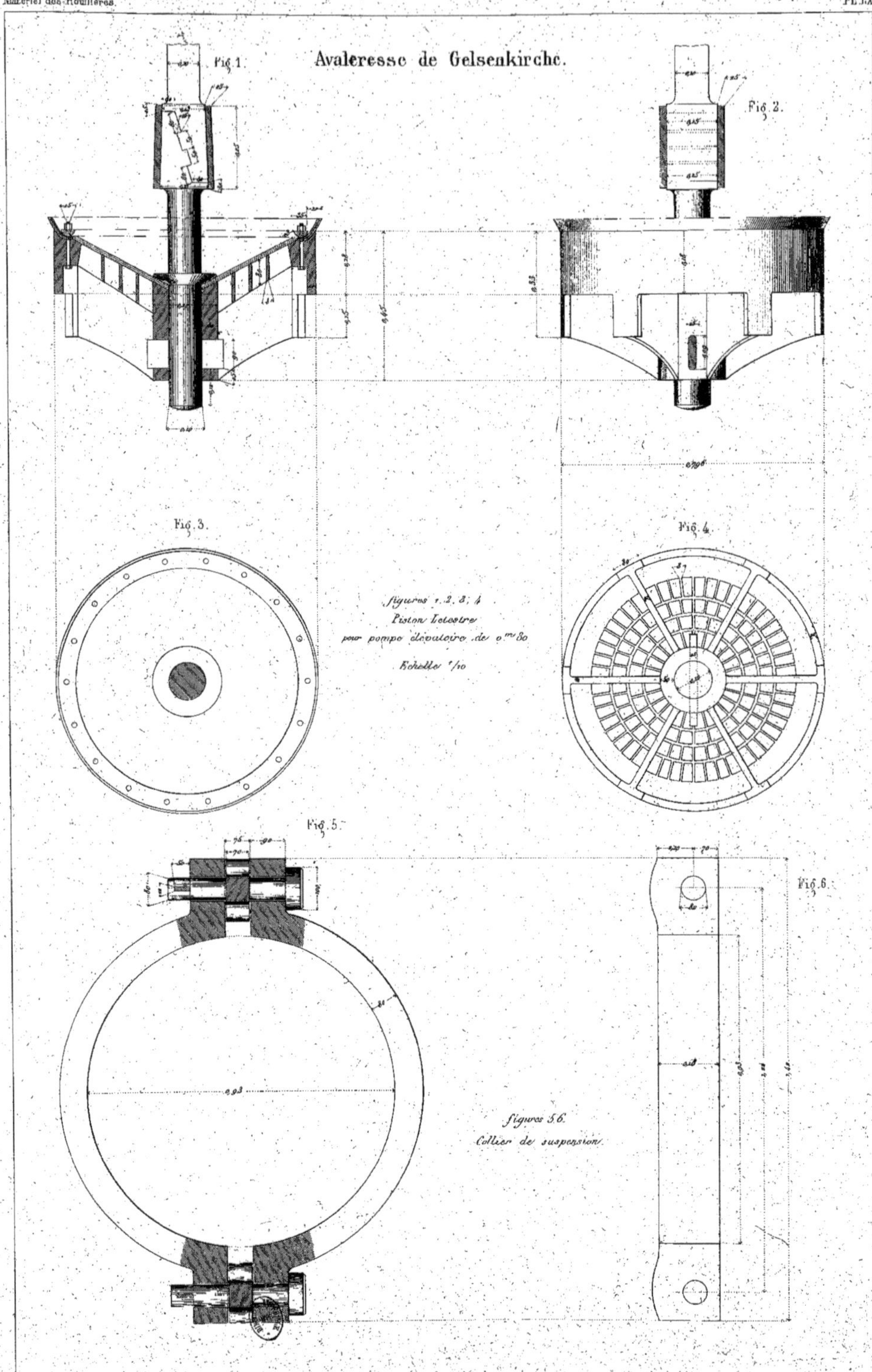

Établt de E. Noblet, Éditeur.

Pompe d'épuisement à double effet. (Blanzy.)

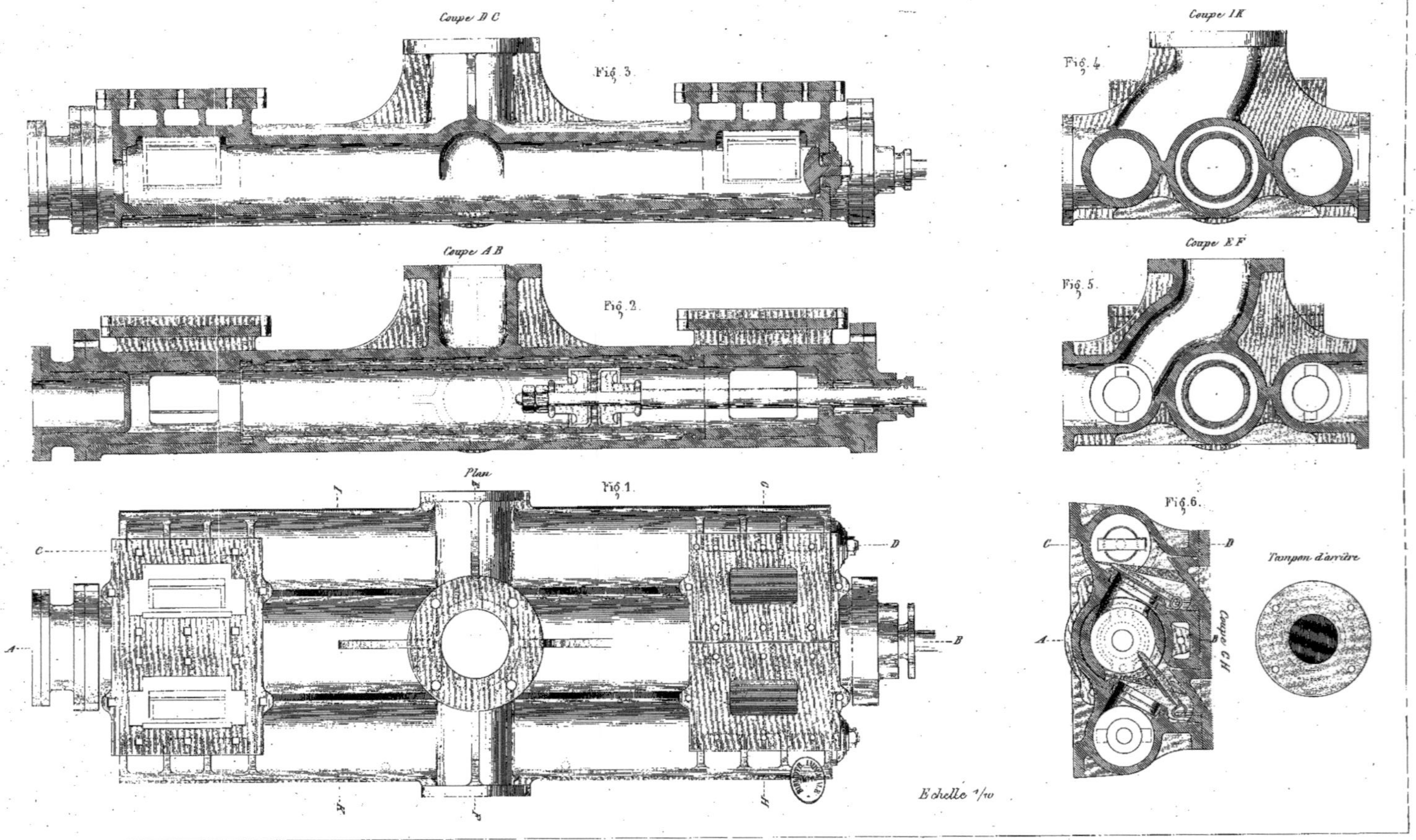

Etabl.t de E. Noblet, Editeur

Pompe élévatoire de 1 mètre de diamètre. (Bleiberg.)

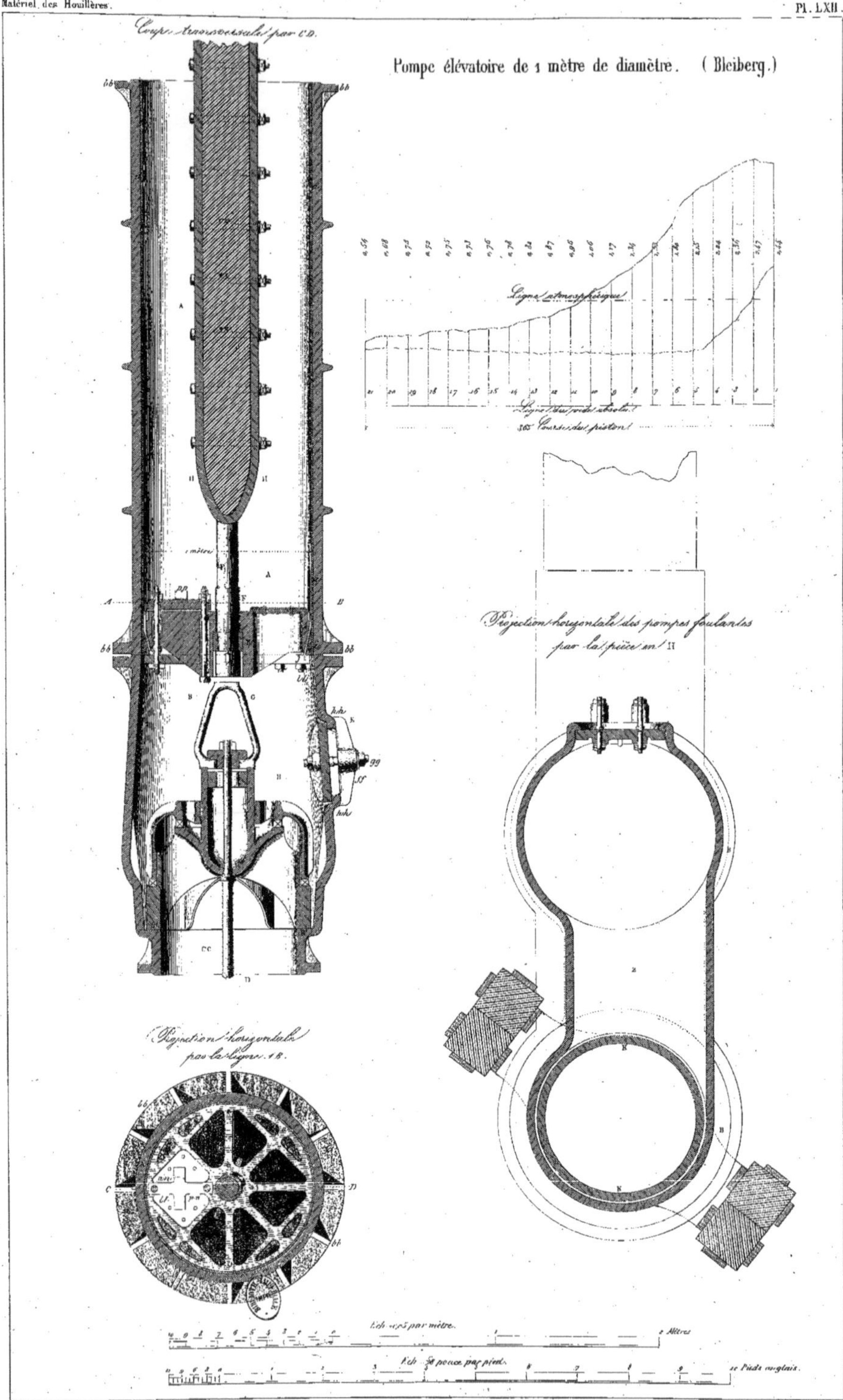

Etab.t de E. Lacroix, Éditeur.

Pompe foulante de 1 mètre de diamètre. (Bleiberg.)

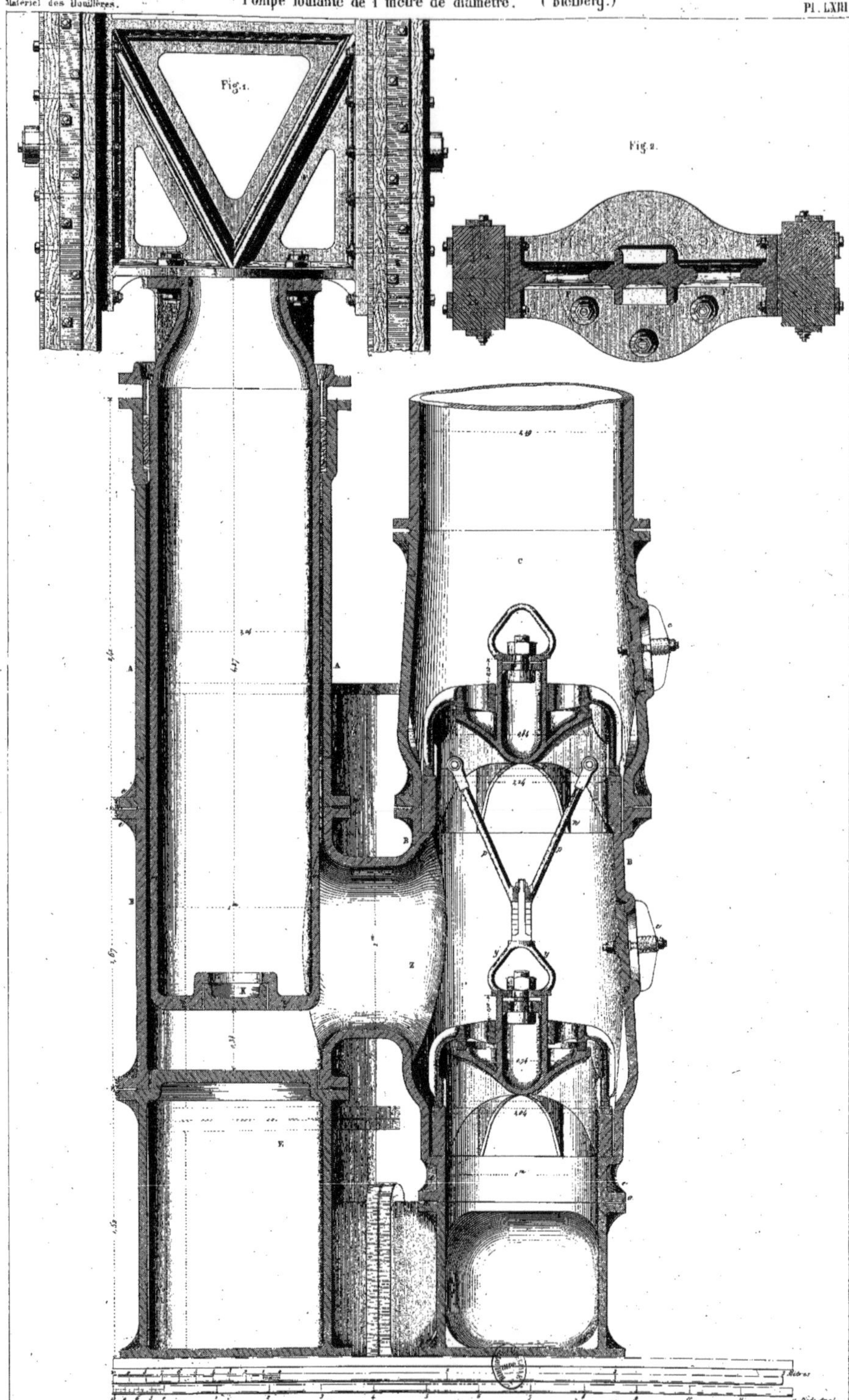

Établ^t de E. Noblet, Éditeur.

Profil et Elévation d'une Colonne d'épuisement.

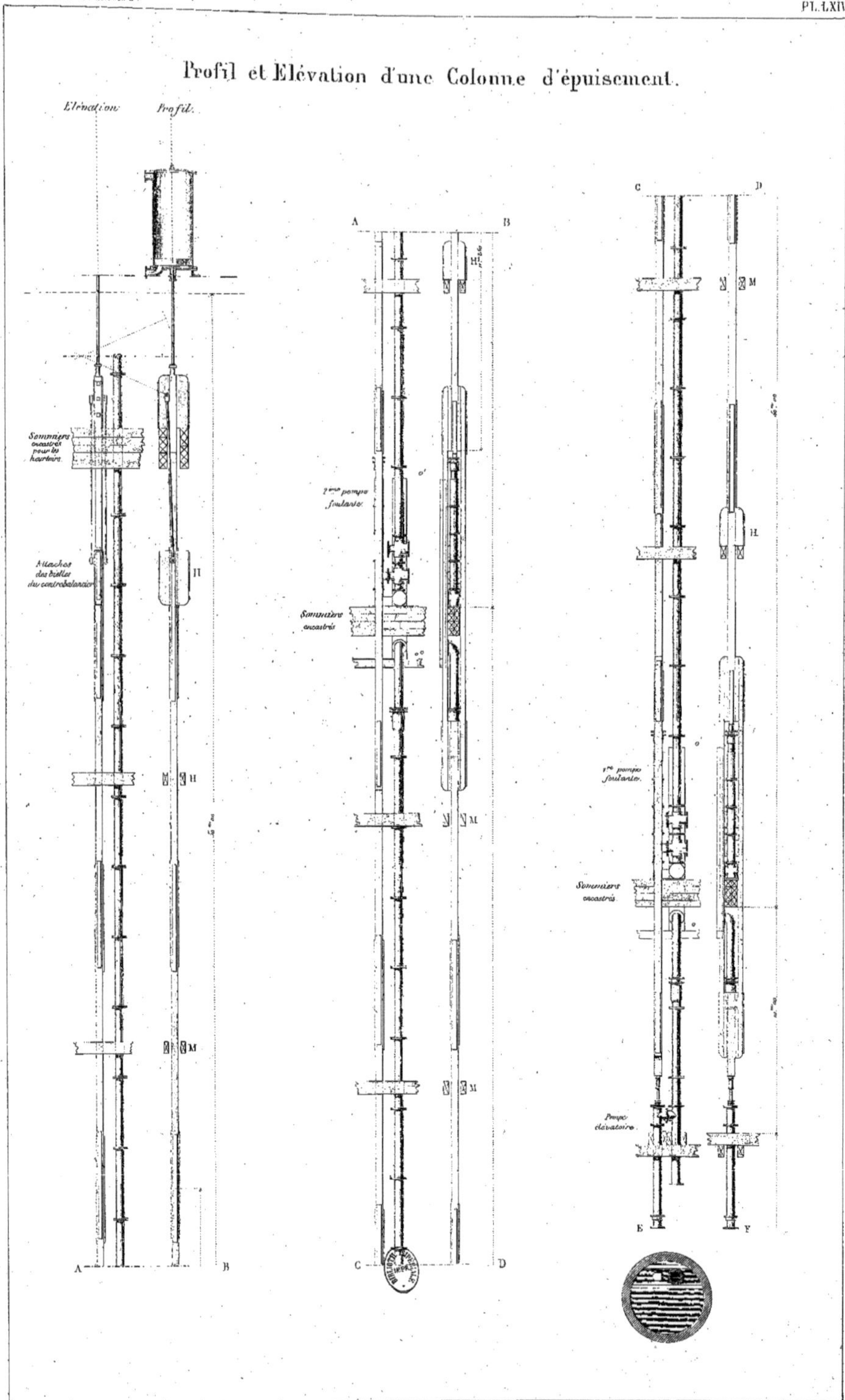

Etablᵗ de E. Noblet, Editeur.

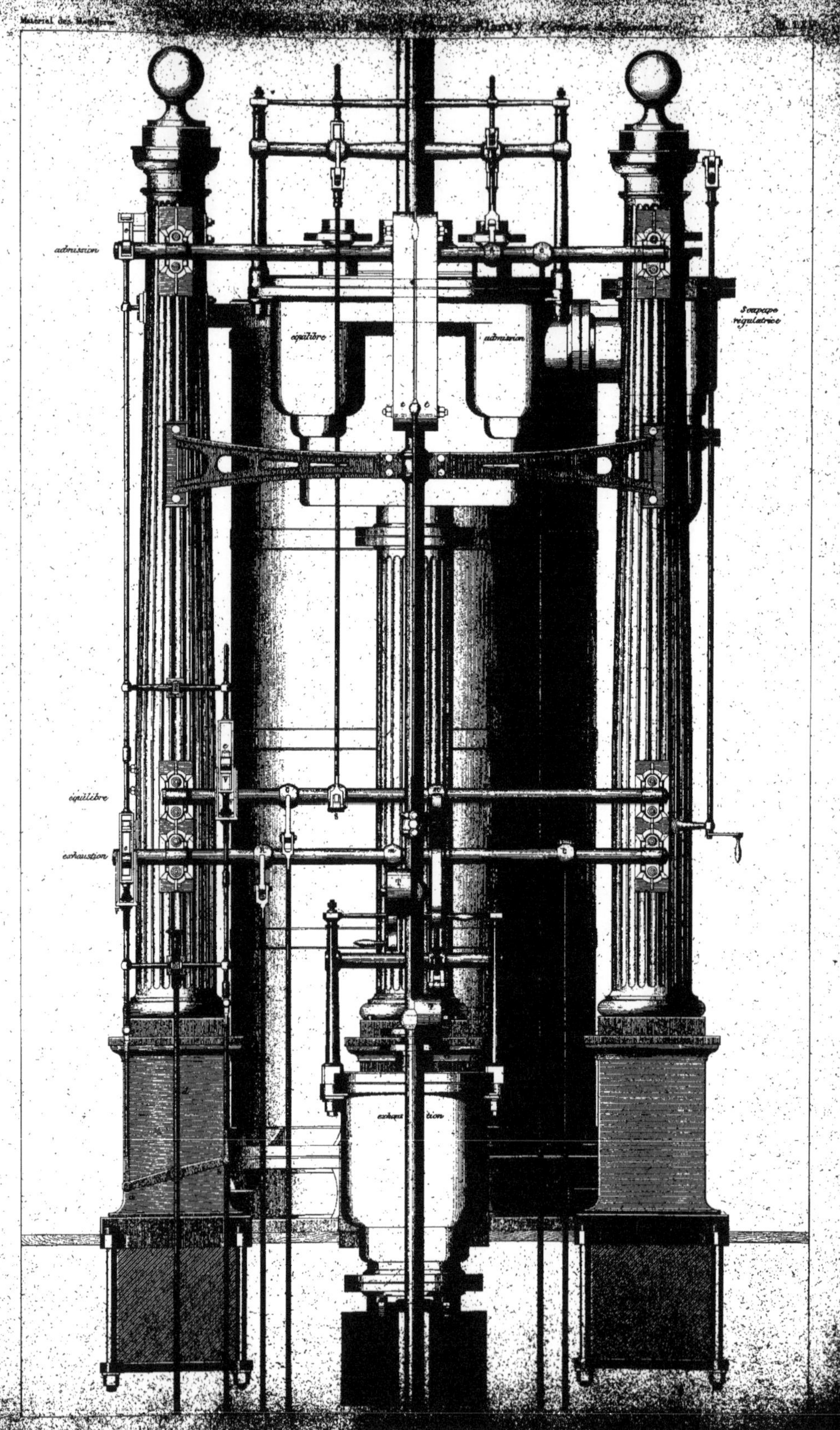
admission
équilibre
admission
Soupape régulatrice
équilibre
exhaustion
exhaustion

Machine d'épuisement du Puits St Pierre, à Blanzy (Élévation du Régulateur.)

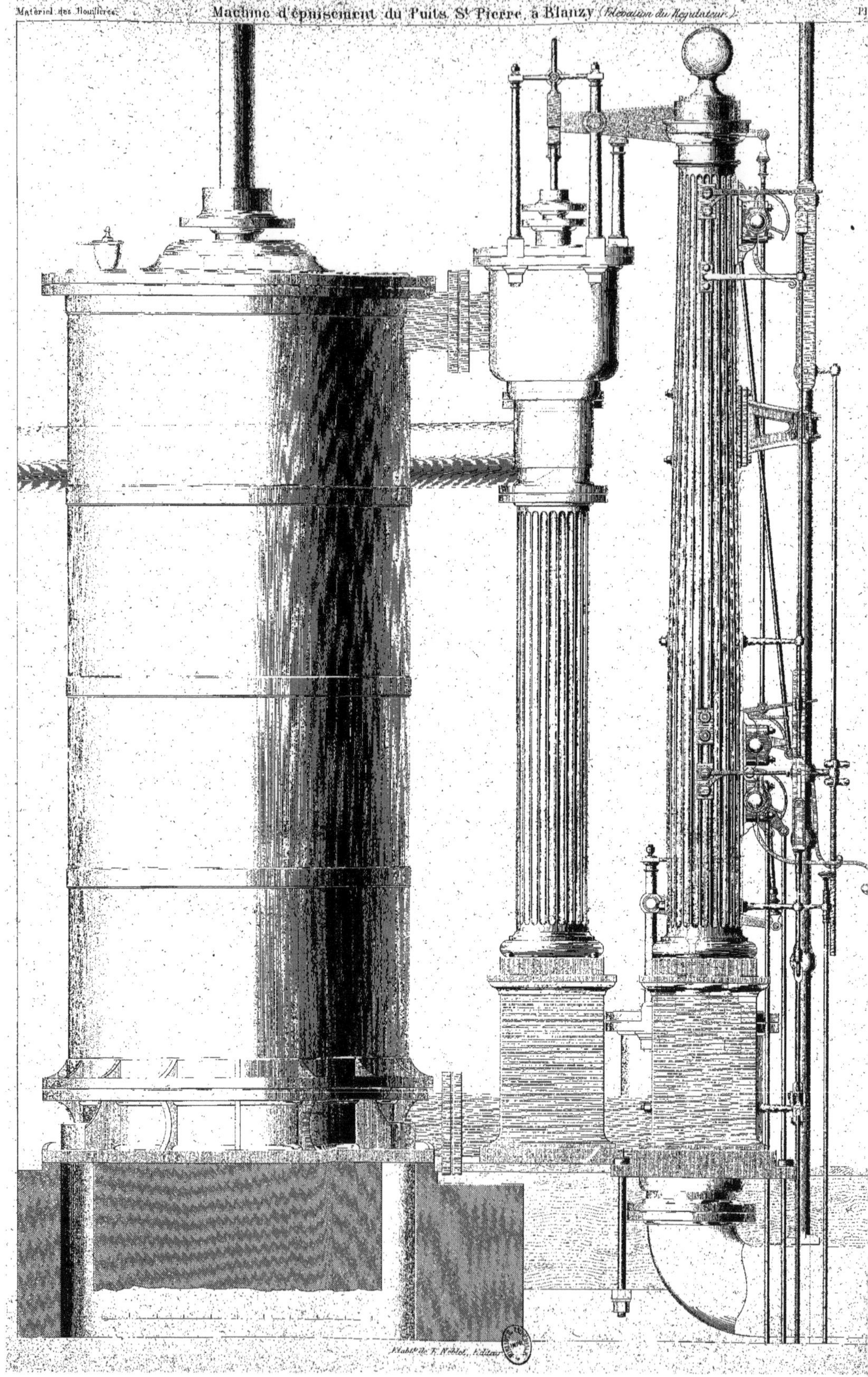

Établ^t de E. Noblet, Éditeur.

Etabl^t de E. Noblet, Editeur.

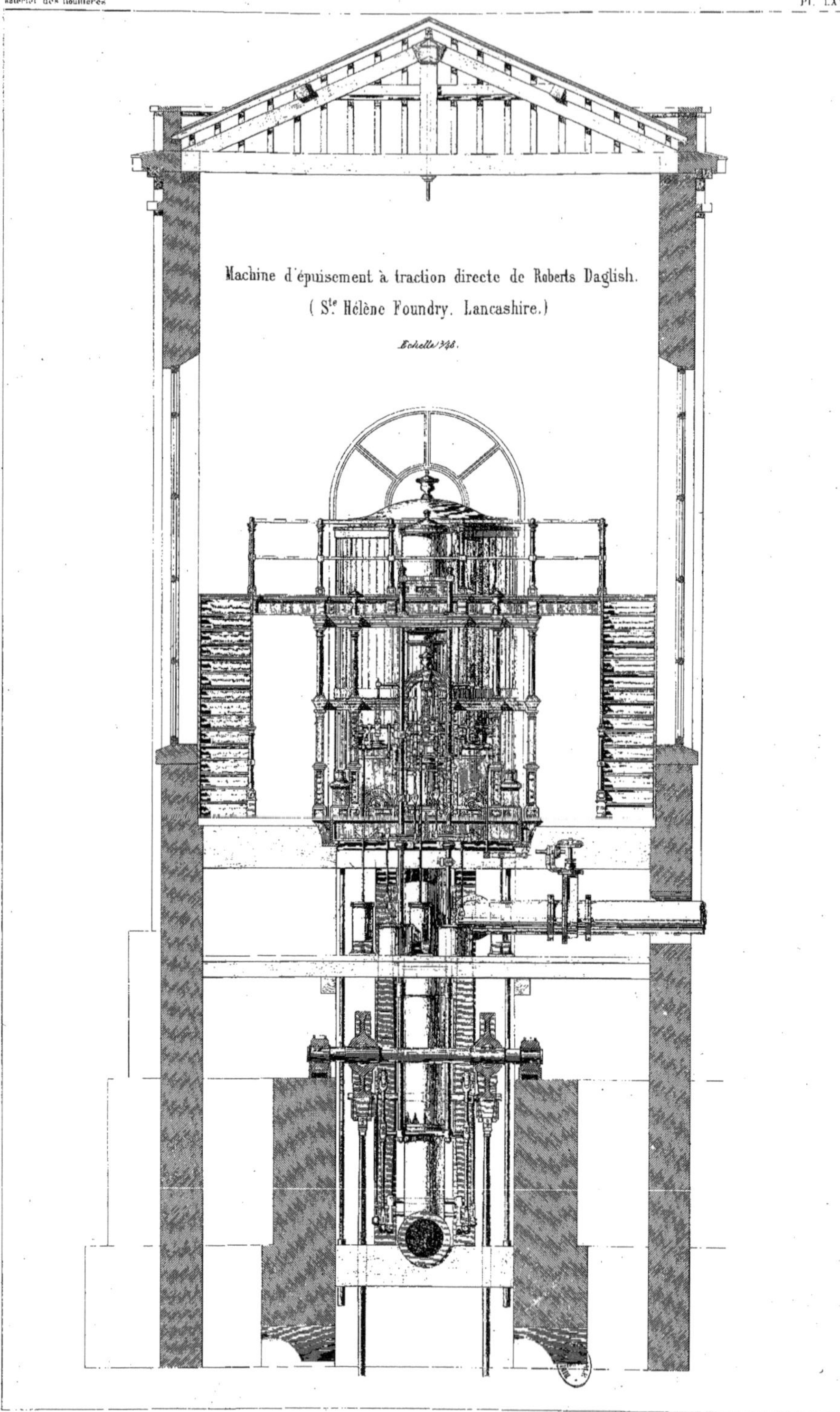

Etablt de E. Noblet, Editeur.

Machine d'épuisement du Puits St Pierre à Blanzy. - Balancier.

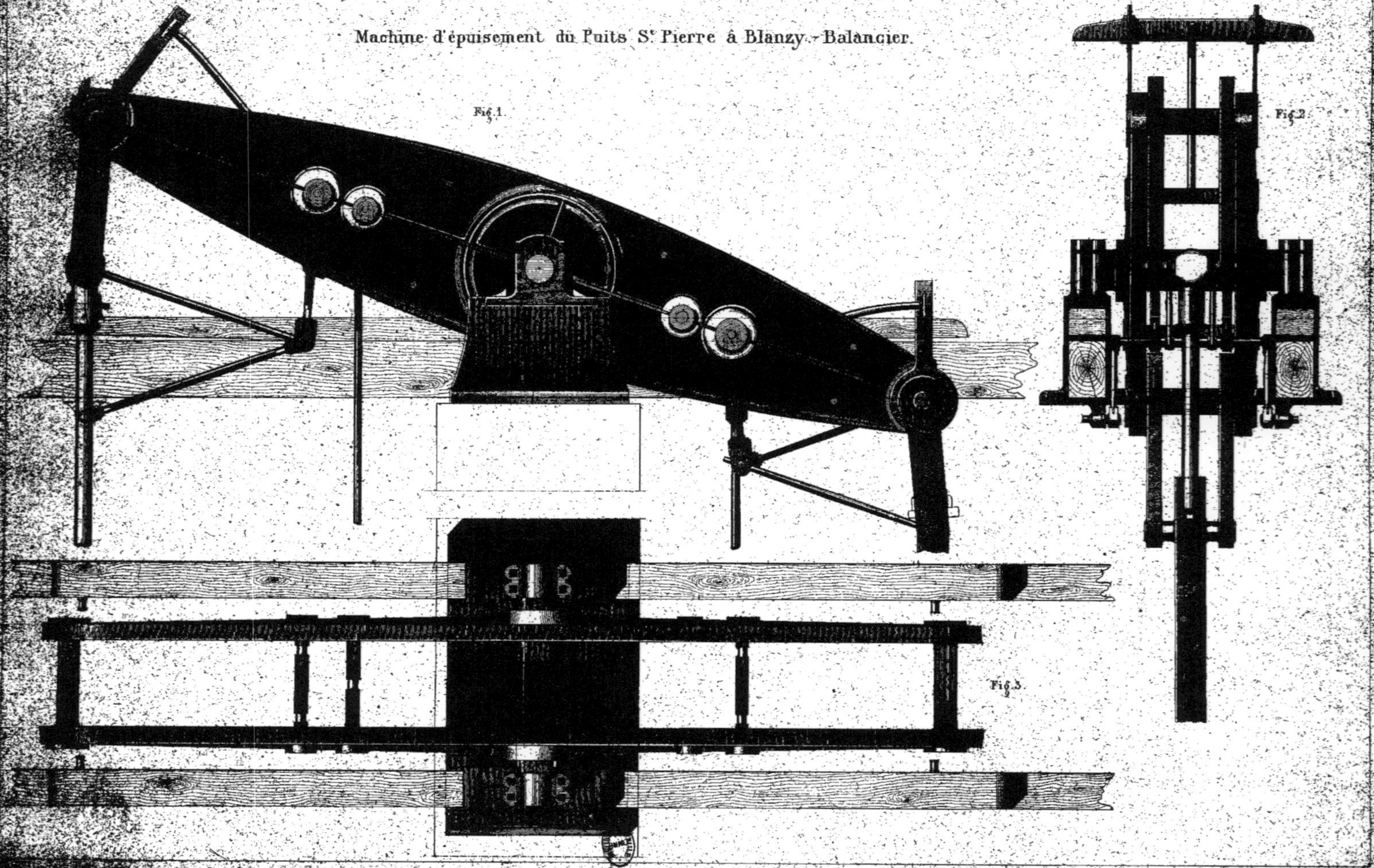

Fig. 1.

Fig. 2.

Fig. 3.

Machine d'épuisement à balancier de 250 chevaux, du Bleiberg, construite dans les ateliers de Seraing.

Etabl.t de L. Neblet à Liège.

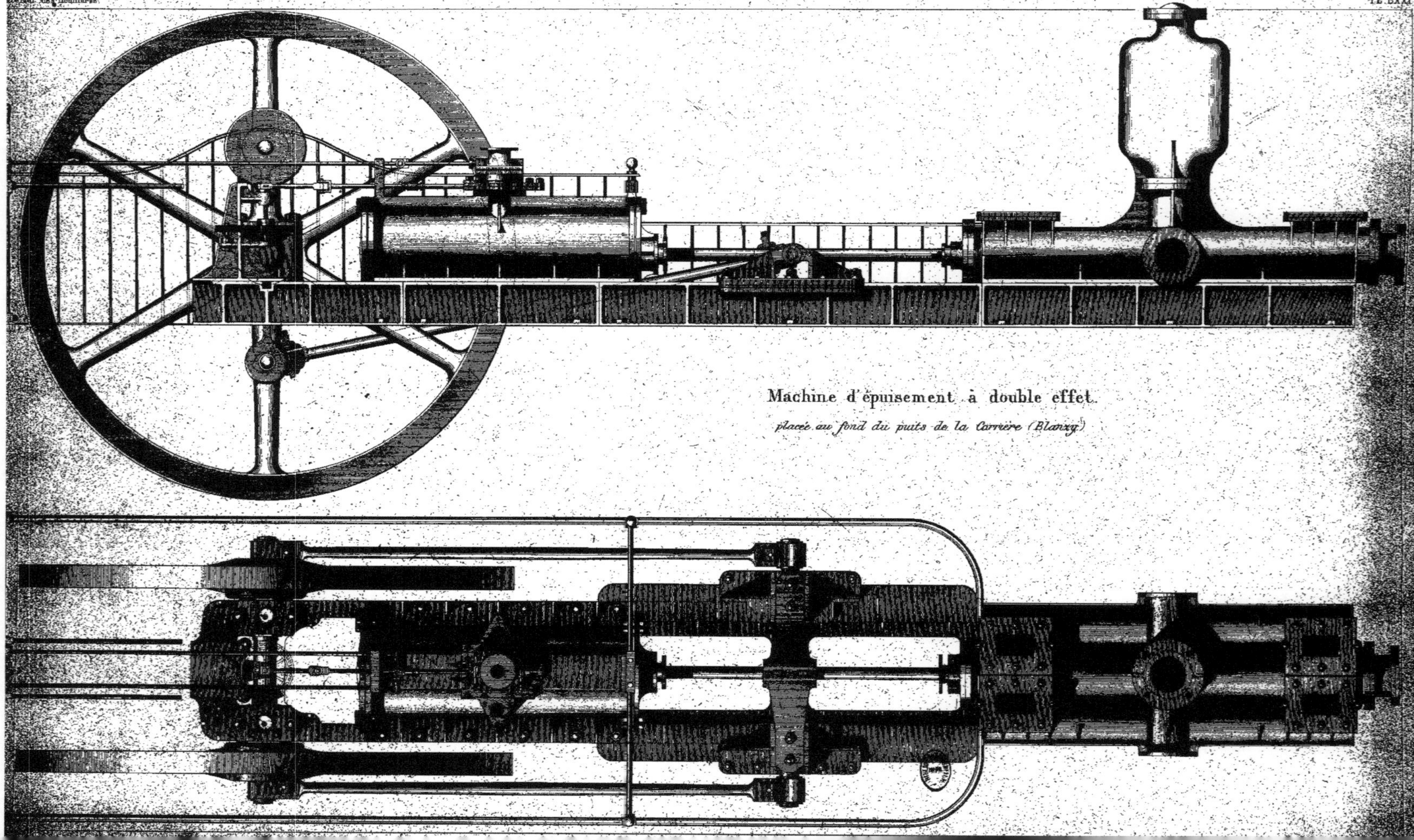

Machine d'épuisement à double effet.

placée au fond du puits de la Carrière (Blanzy)

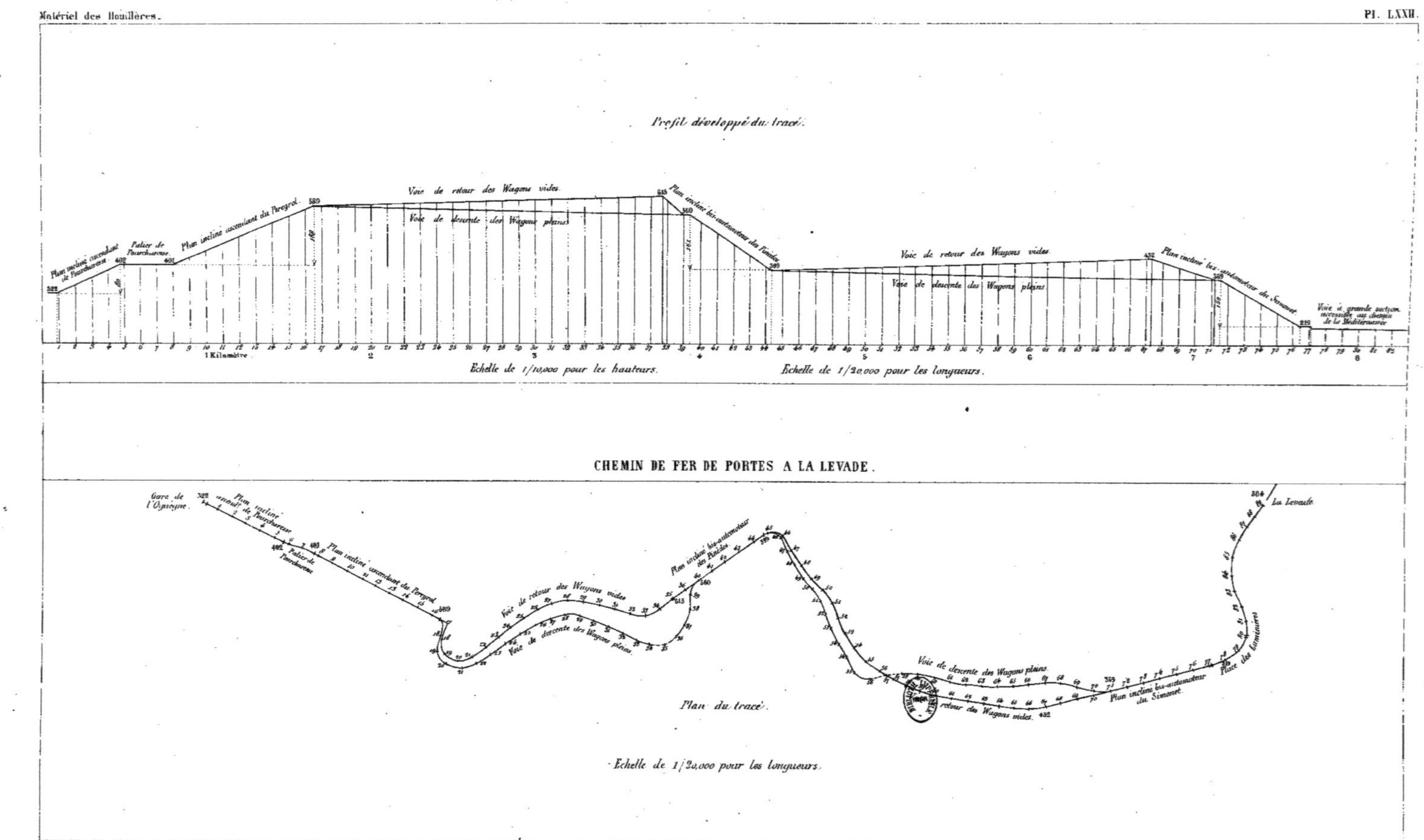

Établt de E. Noblet, Editeur.

Appareils des Plans inclinés bis-automoteur.

Disposition d'ensemble du mécanisme du plan incliné bis-automoteur des Pinedes.

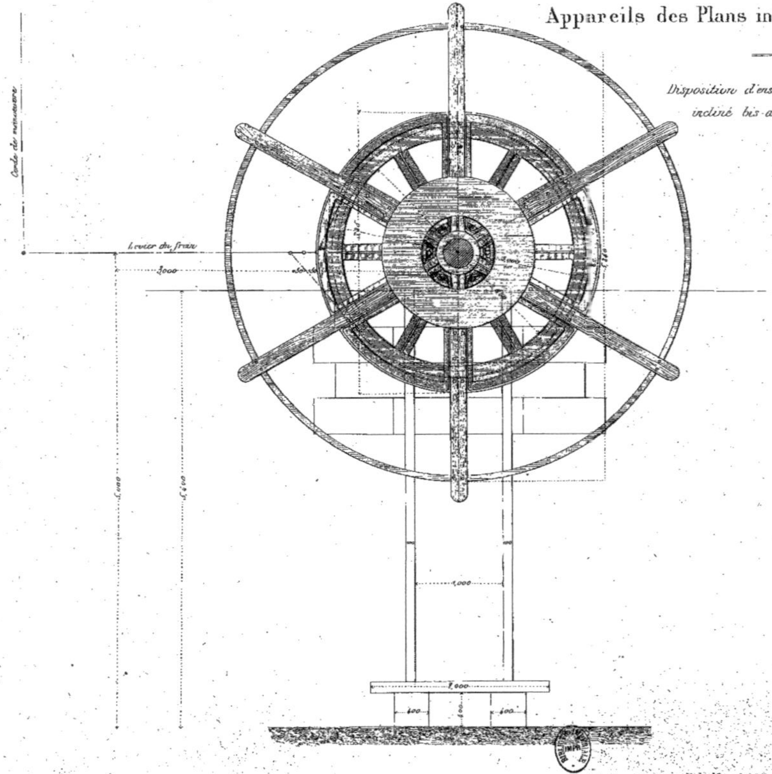

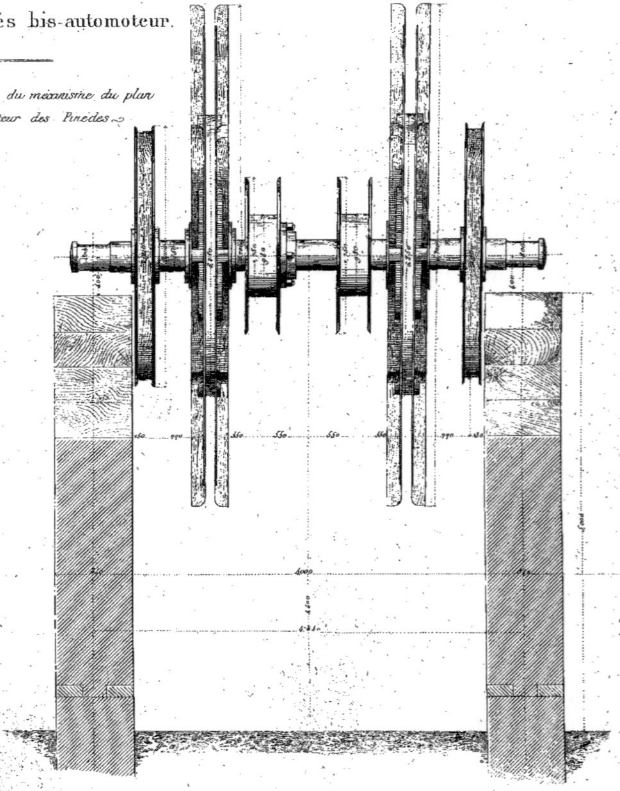

Echelle de 1/40

Etabl.t de E. Noblet, Editeur

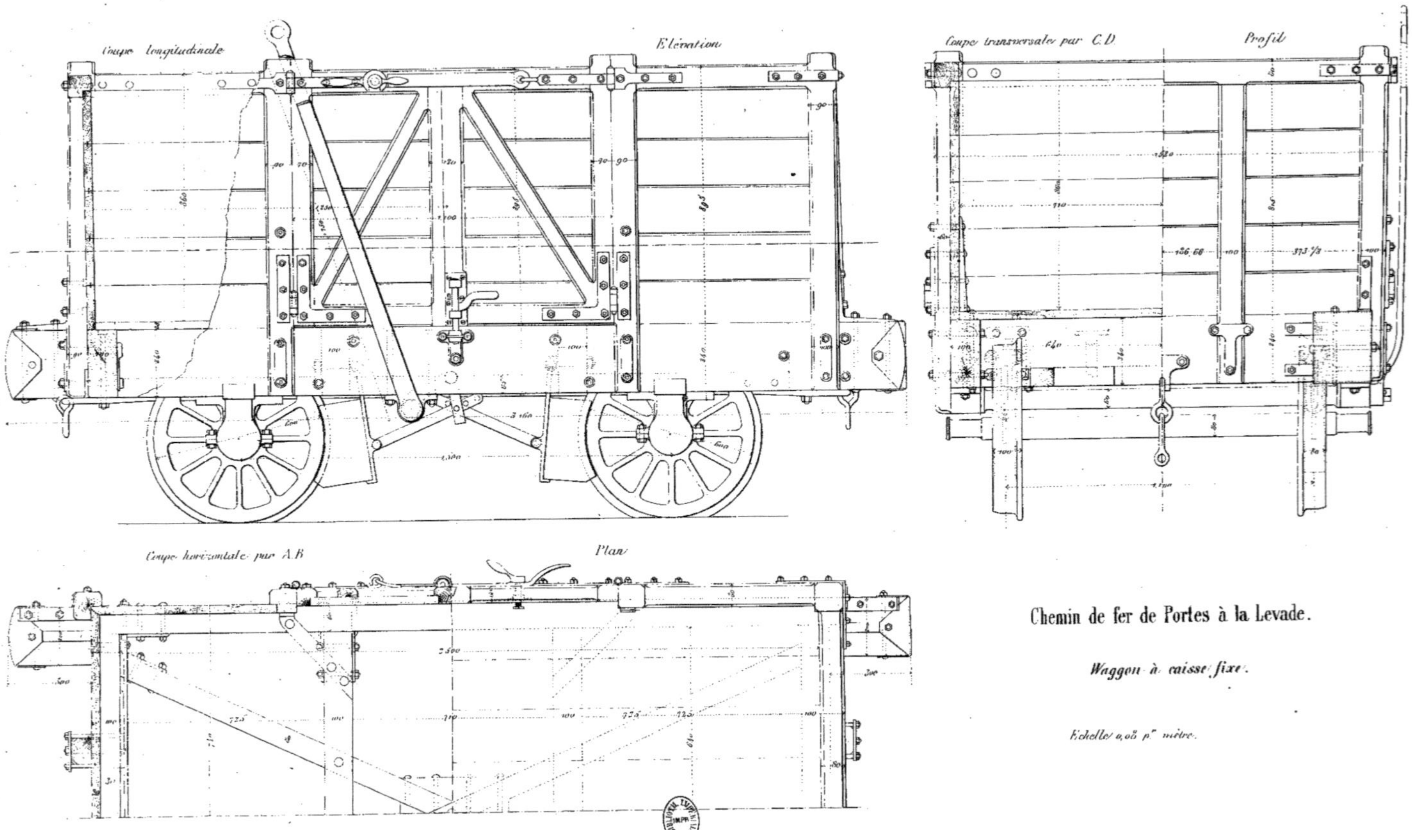

Chemin de fer de Portes à la Levade.

Waggon à caisse fixe.

Echelle 0,05 p.r mètre.

Etabl.t de E. Noblet, Editeur.

Wagon à essieu patent et Caisse pour le Transport du charbon. *(Denain.)*

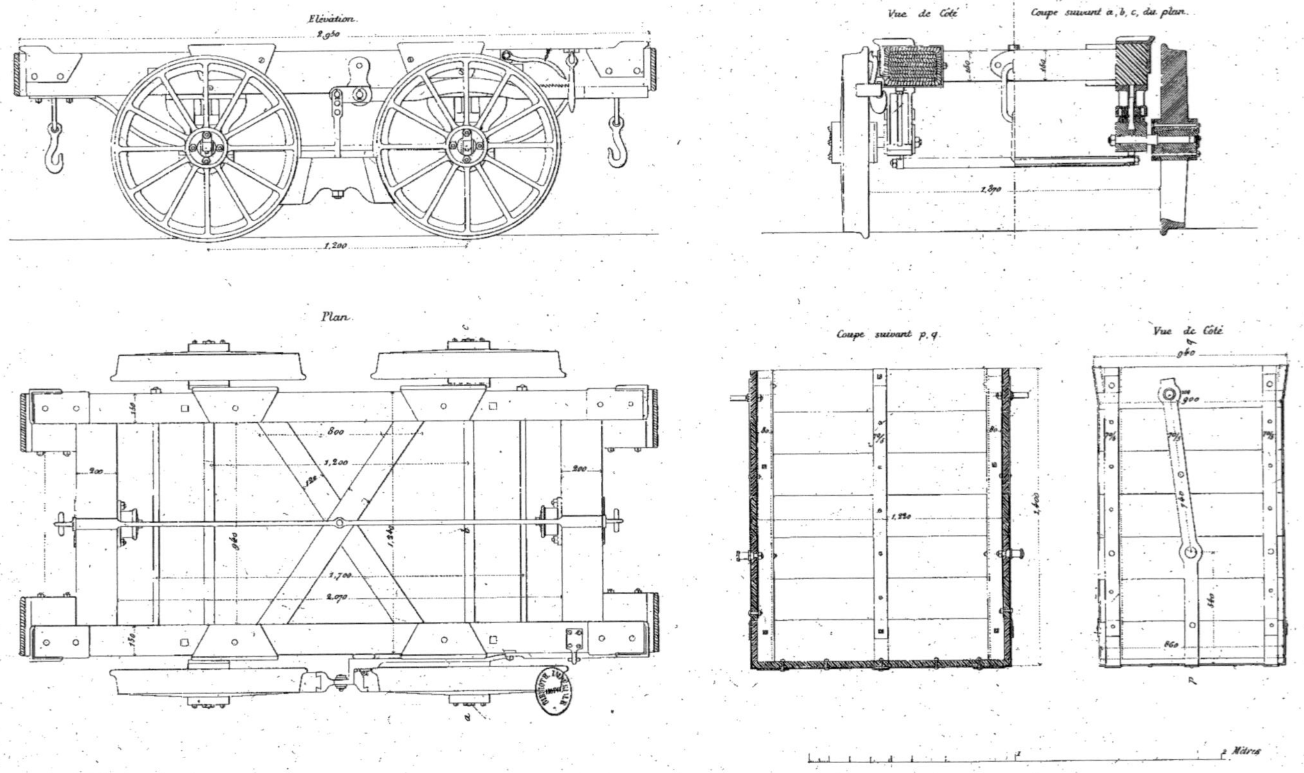

Etablt de F. Noblet, Editeur.

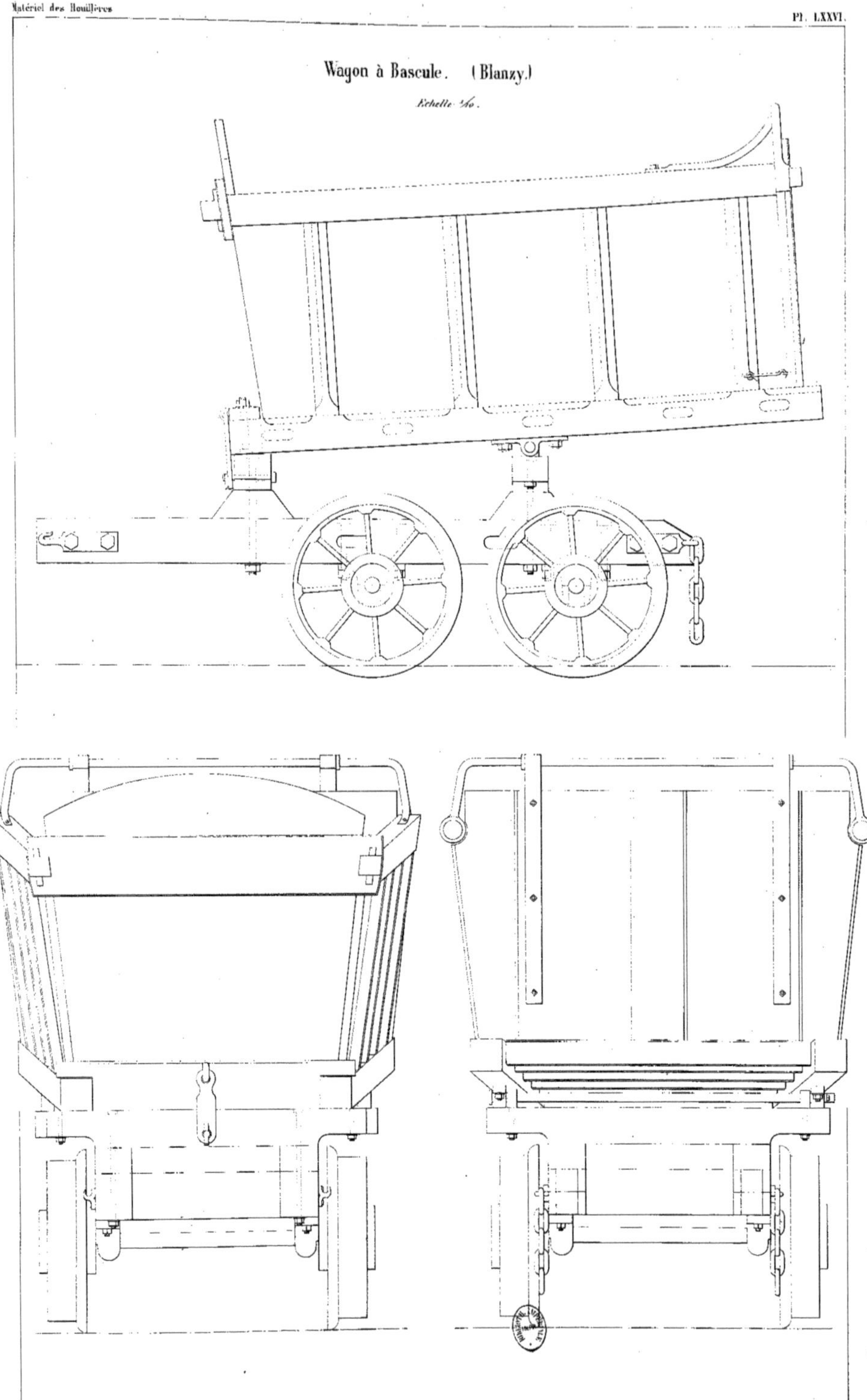

Établ.t de E. Noblet, Editeur.

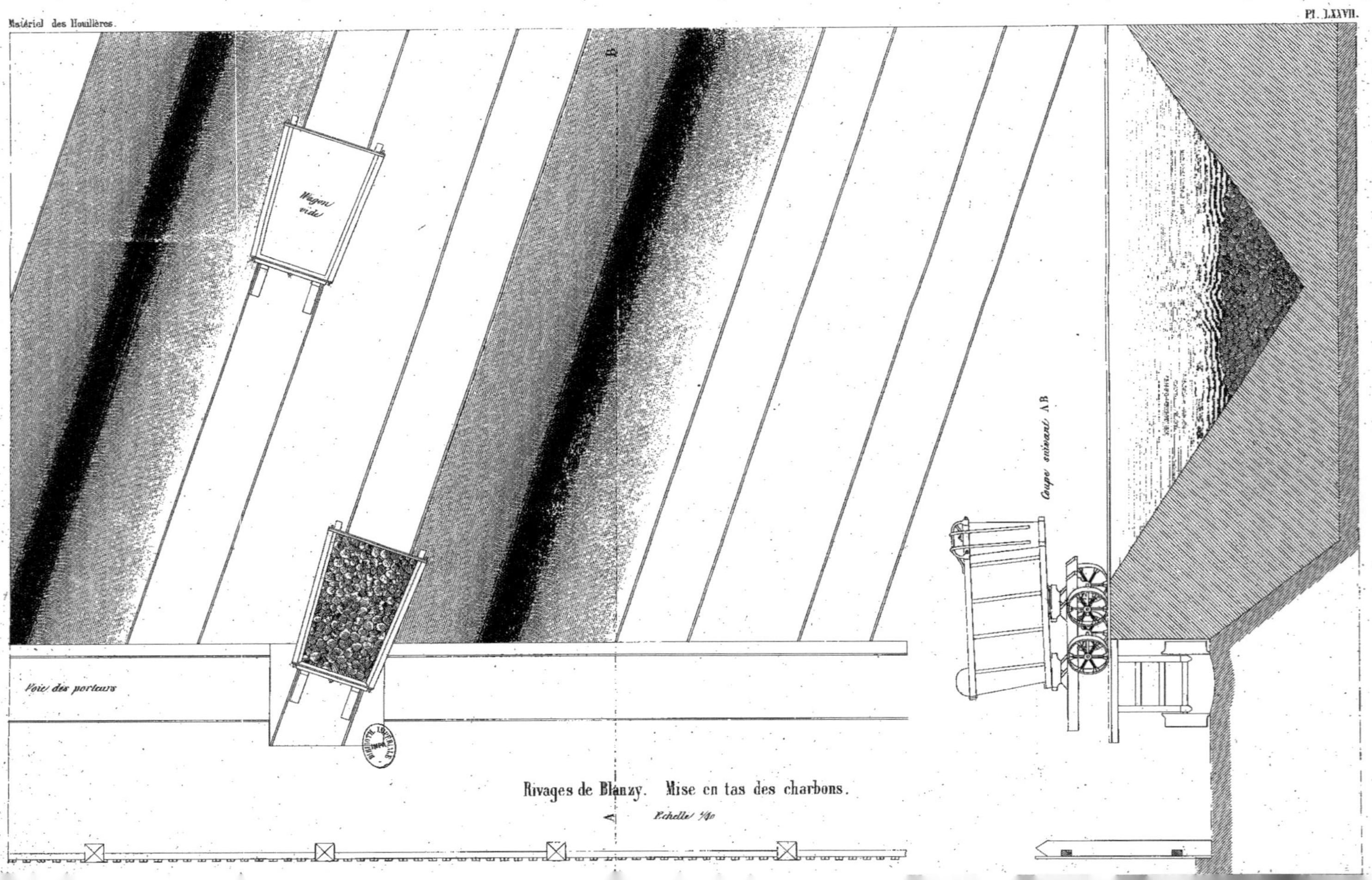

Rivages de Blanzy. Mise en tas des charbons.

Échelle 1/40

www.ingramcontent.com/pod-product-compliance
Ingram Content Group UK Ltd.
Pitfield, Milton Keynes, MK11 3LW, UK
UKHW012037240726
13965UKWH00003B/864